アースウォッチの旅ガイド

衛星画像で旅する
日本の原風景と温泉
中部・西日本編

福田 重雄

新潟日報事業社

海千景、山万景の湯の里
名峰、大山から蒜山、湯原
（鳥取・岡山）

詳しくは62ページ

衛星写真

自然カラー

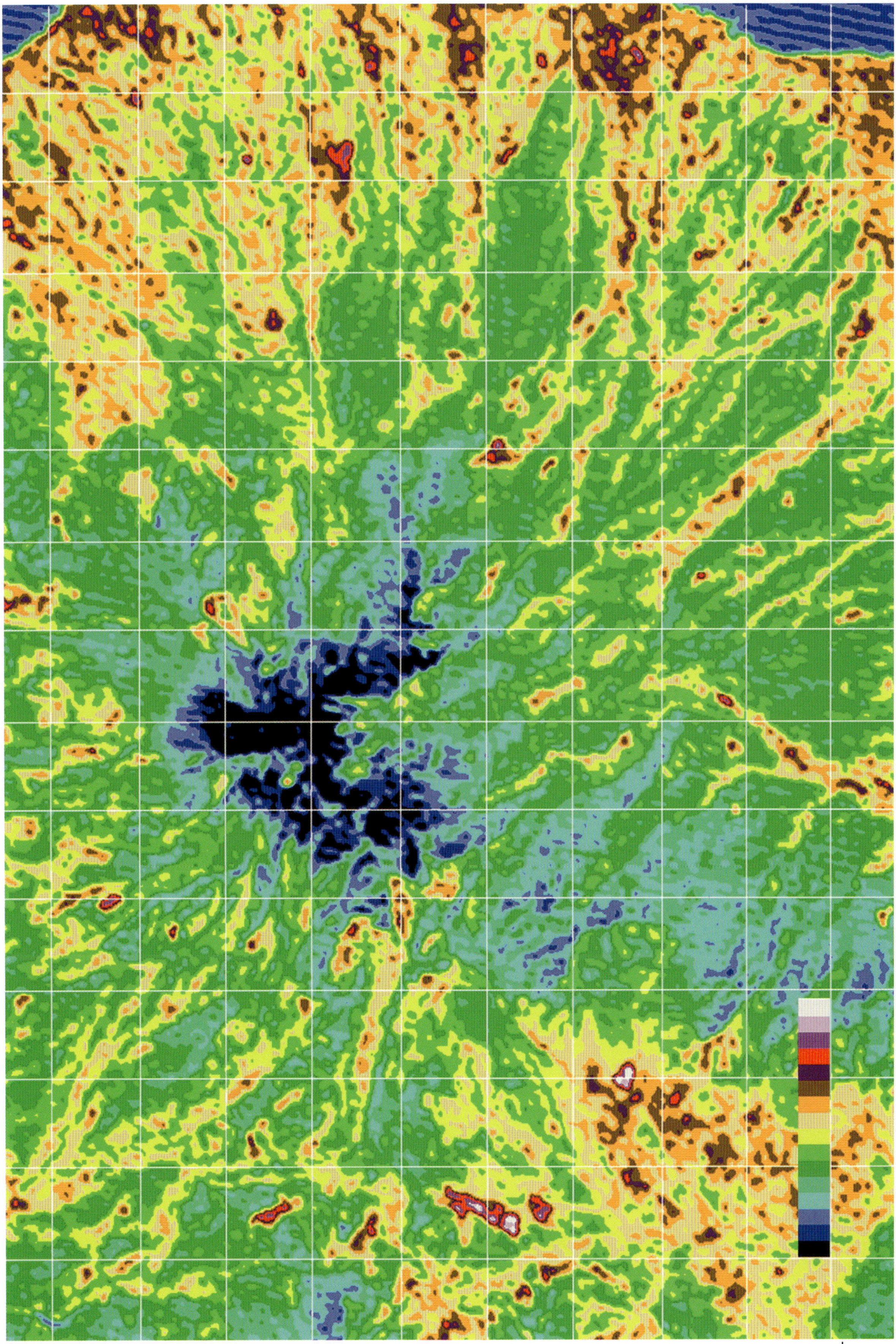

サーモグラフ

フォールスカラー

はじめに

日本人にとって温泉は、特別な自然の恵みです。火山国、日本には人知れず山野に湧き出している自然の温泉が各地にあります。水からお湯をつくるには、石油、ガス、電気、太陽などのエネルギーが必要です。しかし、地中から自然に湧き出しているお湯、温泉はこれらのエネルギーをまったく必要としない貴重な天然資源です。

本書では、石油、天然ガス、石炭、鉱物、植物、水などの資源探査を目的とする米国の人工衛星、ランドサット5号とランドサット7号から送られてきたデータを使用しています。ランドサットが観測したデータによって作られるカラー衛星画像を、「主題別カラー画像」と呼びます。「主題」とは探したいモノのことです。主題を知るための画像が、主題別カラー画像です。主題別カラー画像では、肉眼で見えないモノを画像として見ることができます。「見えないモノを見る」とはちょっと不思議ですが、実際には、肉眼で認識できないモノが多いのです。

本書の主題は、自然に湧き出しているお湯を衛星画像から読み取ることです。自然の温泉、マイ温泉探しを始めた動機は単純でした。わたしは、10年ほど前に、ある科学誌でアースウォッチングを連載していました。科学誌ですから、火山、地形、地質、岩石、鉱物、植物、原子力発電所から排出される二次冷却水が海洋に与える影響など堅苦しいテーマばかりでした。地熱発電所の候補地探しは、そのテーマの一つでした。地熱発電に適した地域を歩いているときに、地図には記載されていない温泉沢や温泉滝に数多く出合いました。考えてみれば当然のことですが、そのうれしさは格別でした。地図にも載っていない温泉を見つけたときの感動を一人でも多くの方と共有したいという思いから、衛星画像を使ったアースウォッチの旅を提案しています。

付属CD-ROMには、東海・甲信越、中部山岳、北陸・近畿・中国、九州、トカラ(吐噶喇)列島の火山島まで、中部・西日本の20県、24地方の衛星写真と主題別カラー画像、全90点が実サイズで収録されています。人工衛星が観測したデータや作られる画像は、1点が数十万円から百数十万円と非常に高価です。しかし、付属CD-ROMを使うと、ファイル名をクリックするだけで各地域の衛星写真や主題別カラー画像を実サイズで見ることができます。また、郷土の自然探索やオリジナルの観光マップなどを作ることも自在です。衛星画像を読み取り、現地を旅して確かめる。それがアースウォッチング、アースウォッチの旅です。先年刊行したアースウォッチの旅ガイド、**『衛星画像で知る温泉と自然の湯　東日本編』**(草思社刊)と併用していただくと、日本列島縦断の旅を楽しむことができます。

本書は、宇宙航空研究開発機構(JAXA)、米国航空宇宙局(NASA)、スペースイメージング社のご協力で実現しました。また、現地調査に協力してくださった大塚誠氏には、たいへんお世話になりました。関係各位に深く御礼申し上げます。

地域の自然の恵みを活かした観光や特産物振興に、本書が多少なりとも貢献できることを願っています。

福田重雄

CONTENTS

本書は付属 CD-ROM に収録されている衛星画像で構成し解説しています。本書に掲載の画像には、わかりやすさのため代表的な山や川など地名が示されていますが、CD-ROM の画像データには、読者自身が目的に応じて加工処理できるように地名は記載されていません。

【豆ちしき】

■源泉・秘湯は集落や有人施設などと隔絶した地点にあります。そのため治安や災害の現地情報を十分確認し、事件や事故に遭わないよう注意してアースウオッチの旅をお楽しみください。

■本文装丁／村上晃三 ■編集協力／西原　弘

自然の湯を知り、温泉を楽しむアースウォッチの旅

テーブルに置かれたコップに入っている透明な液体が、お湯であるか、水であるのかは、見ただけでは判断できません。「湯気が立っているからお湯」「湯気がないから水」とも言い切れません。お湯と水の違いを画像化できれば、水かお湯かは、おおよその見当がつきます。しかし、画像だけでは断定することはできません。そこで最終的にはテーブルまで行き、コップを手に取り、さらには指などを入れて確かめることになります。衛星画像を使ったアースウォッチの旅も同じです。本書では、これからアースウォッチの旅を始める方でも自然の温泉探しが楽しめるように、衛星画像の特徴、画像から自然の温泉に出合えそうな地域や場所を知る手順、さらに現地の歩き方までを具体的に説明します。

資源探査衛星の役割を知り、そこから作られる画像の意味を知る

本書では資源探査衛星、ランドサット５号とランドサット７号からのデータを解析した画像を使っています。ランドサット５号は、肉眼で識別できる色域（0.45 ～ 0.69 μ m、可視光域）から、水や植物、土壌、岩石、鉱物などが反射する近赤外域（0.76 ～ 1.75 μ m）、火山や火山を起因とする岩石を知る短波長赤外域（1.55 ～ 2.35 μ m）、地表から放射されている熱を感じる熱赤外域（10.40 ～ 12.50 μ m）、中間波赤外域（20.8 ～ 23.5 μ m）までに対応した７種類のセンサーで地表を観測しています。ランドサット５号 TM（Thematic Mapper）では、これら７種類のセンサーが観測したデータを組み合わせて画像化します。ランドサット７号 ETM+（Enhanced Thematic Mapper Plus）は、熱赤外域のデータが高分解能と低分解能の二つあり、８種類のデータを「主題」に応じて使い分けることができます。

主題とは、探したいモノです。本書の主題は、自然に湧き出しているお湯や温泉沢です。衛星写真と呼ばれる画像以外は、肉眼では見えない地表の物質を画像化したものです。巻頭の画像は、島根、鳥取、岡山の３県に広がる中国地方を代表する美しい山、大山《だいせん》から蒜山《ひるぜん》高原です。衛星写真は広域地図として利用できるように、地上距離で 48 × 36km を、対象地域の各主題別カラー画像は 24 × 30km をカバーしています。各画像の実際の色や大きさは、付属 CD-ROM に収録されている画像で確認してください。

①衛星写真 (-123)

肉眼で色として認識できる光の三原色、青 (Blue)、緑 (Green)、赤 (Red) に対応したデータから作ります。一般に衛星写真と呼ばれるものです。ありのままの地上の光景ばかりでなく、方角、距離、面積などが正確に反映され、地上の実写図として地図や観光マップなどに利用されています。

②自然カラー画像（-245）

植物が生えている植生域が緑色系で表示され、肉眼で見ている色に近いことからナチュラルカラー画像と呼びます。水域は紺から淡い水色、岩石や土壌の露出域はピンクや赤系で、積雪域は明るいシアン（空色）で表示されます。植生域、岩石や土壌など地表の露出域、湖沼や河川などの水域、積雪や雪渓などが見やすいため自然図として利用します。

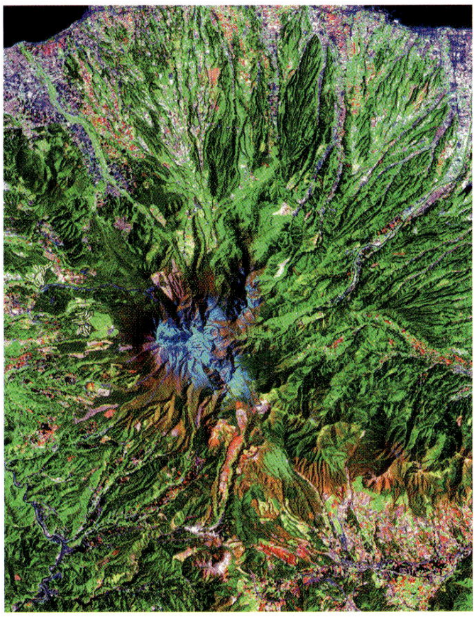

③サーモグラフ（熱分布）画像（R-006）

熱赤外域のデータ値を色に置き換えますと、地上の熱分布を表したサーモグラフを作ることができます。暖色系の茶、赤、ピンク、白になるほど熱量が「大」、すなわち大きいことを意味します。火山、秘湯や自然の源泉、温泉沢の場所を知るキー画像です。サーモグラフには、地上距離で2km単位のグリッド線を設けました。OHP（オーバーヘッドプロジェクター）用の透過フィルムにプリントして、先の自然カラー画像の上に重ね合わせることで熱量の多い場所を特定することができます。

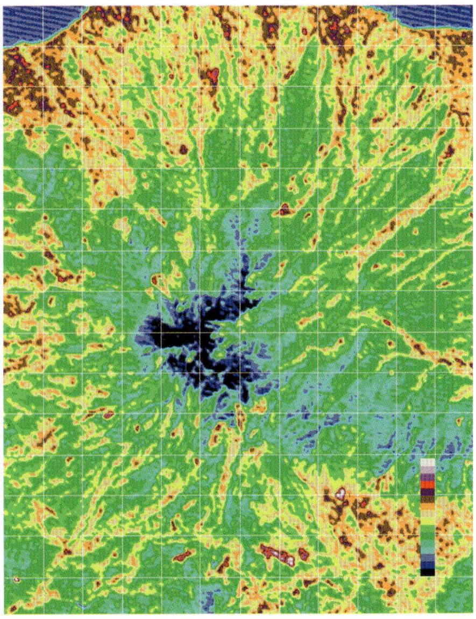

④フォールスカラー画像（V-246）

自然カラー画像と熱分布の特徴を組み合わせたカラー画像です。ガイドブックに掲載されている秘湯や名湯の場所を知ることができます。OHP用の透過フィルムにプリントしたサーモグラフを重ね合わせてください。より正確に自然の温泉、温泉滝、温泉沢に出合えそうな候補域を絞り込むことができます。

画像から源泉や温泉沢を知る

資源探査では、固有の物質が発している電磁波の波長域とその量を観測した衛星データから、探したいモノ、「主題」となる物質の分布を色の違いで読み取るカラー画像を作ります。これが主題別カラー画像です。

自然に湧き出している温泉探しは、名水探しに似ています。湧き出している水が冷たいか、熱いかの違いだけです。「熱い水」からは大量の熱が放出されています。水とお湯の物質的な違いは、熱が放出されているか否かです。そこで、ランドサットが観測した熱赤外域のデータやそのデータを組み入れたカラー画像を使って、熱を発している「熱い水」のある場所、または「熱い水」が流れていそうな沢を探します。ここでは鹿児島、宮崎の両県にまたがるえびの高原から霧島火山群を例に、各画像の主題とその読み取り方を説明します。

①地下に大量のマグマが存在する地域を知る

衛星写真と呼ばれる画像です。人間の目で色として認識できる可視光域のデータから作られる画像です。温泉は雨や雪解けの水が地下に浸透し、マグマなどの熱源によって温められ、熱い水、すなわち「お湯」となって地表に戻ってきたものです。地下にマグマのありそうな地域とは、火山地帯です。小さな火口や火口跡の凹凸を読み取ってください。

！源泉周辺・温泉沢での注意！

源泉や温泉沢周辺では、有毒な火山性ガスの発生や高温によるやけどなどの危険が伴う場合があります。深い山中では、ケガや体調不良が生じても、迅速に救助されるとは限りません。現地では立ち入り禁止などの案内標識に従うのはもちろんのこと、本書解説にある注意をよく読んで、安全第一で自然の温泉を楽しんでください。

解説にある注意は、源泉周辺・温泉沢に存在するすべての危険に対応したものではありません。事故が発生した場合でも、著者・出版社は一切責任を負いません。

②地形的に低く、水が流れていそうな渓谷や谷

自然カラー画像では、地表の露出域はピンク系で表示されます。熱い水、お湯の流れていそうな場所を探しますから、火口やカルデラに近い山麓に源流を持つ沢や谷に注目します。源流一帯にピンクで表示されている露出域があれば、源泉に出合える有力な候補地となります。

火山からの噴出物域は、色の違いからその年代を知ることができます。人工林と自然林の違いは、林道の状況（岩石が直線状に露出）などから判断が可能です。

③サーモグラフ（地上の熱分布）で熱量が「大」と読み取れる

この画像の「主題」は、地表の熱分布です。サーモグラフは、熱量の大小を色に置き換えた画像です。熱量の大きな場所は、赤、ピンク、白などの暖色系で表現されます。自然の温泉や火山からの熱以外に、市街地や集落、工場などからの人工的な熱も含まれています。自然カラー画像と見比べながら、火山やカルデラ湖の麓に源流を持つ沢や渓谷を中心に自然界からの熱源を探します。

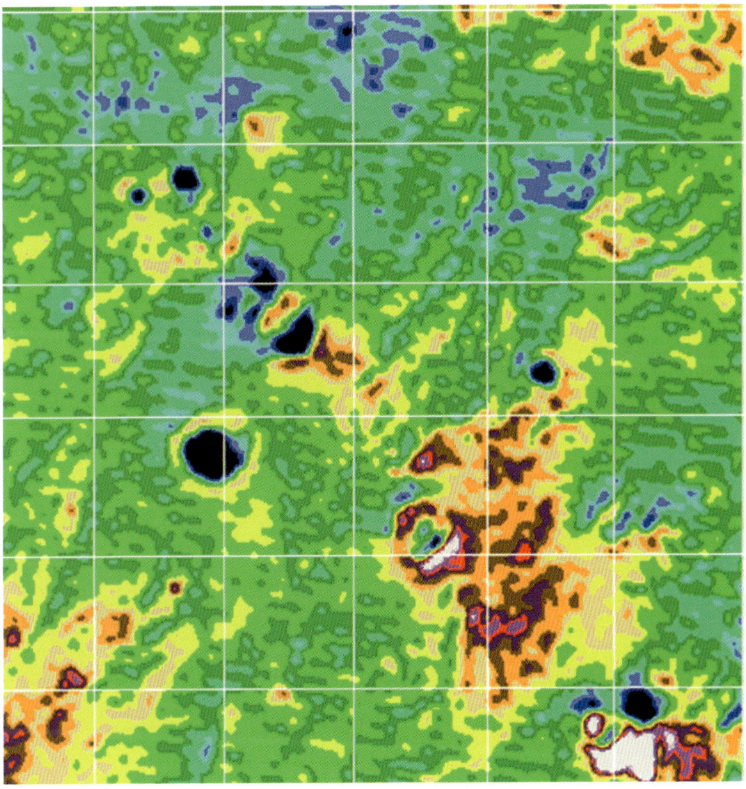

④人為的な熱の影響がなく、自然界からの熱が「大」と読み取れる場所

これまでの画像の特徴を組み入れたカラー画像です。サーモグラフは対象地域の熱分布を知ることはできますが、場所や地形までは読み取れません。この画像を使って自然界からの熱源の場所を見極め、自然の源泉や温泉沢の候補地域を絞り込みます。

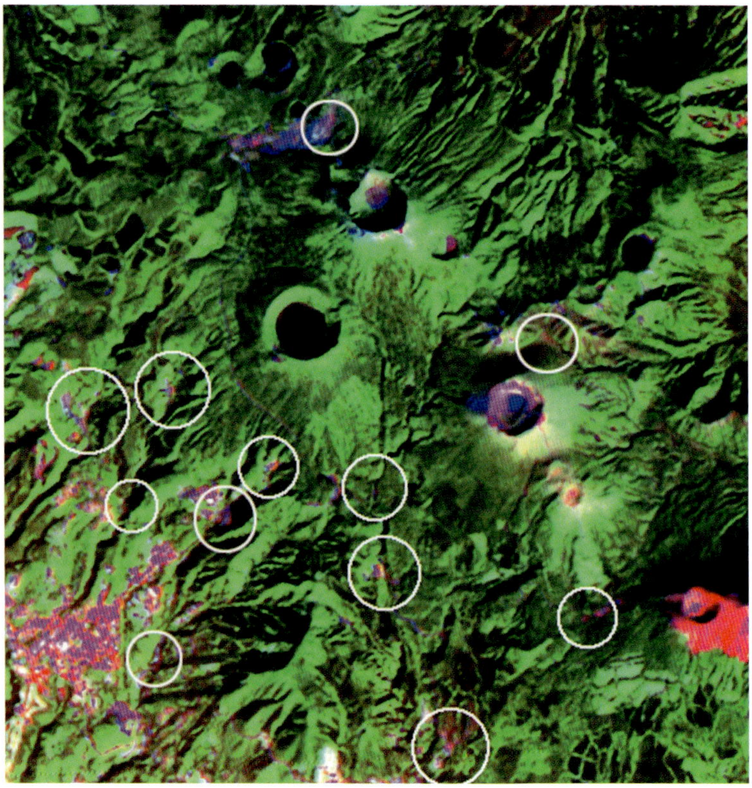

自然の温泉や温泉滝、温泉沢に出合えそうな場所とは……。それは秘湯の一軒宿と呼ばれる温泉地に共通しています。みなさんが行ったことのある秘湯の温泉宿を思い起こしてください。

近くに火山やカルデラ、爆裂湖などがあり、宿の前には谷川が流れ、川辺には露天風呂があり、沢の石は淡い黄白色や赤褐色の錆色に変色し、源泉一帯には植物が少なく火山性の粘土や岩石が露出していたはずです。温泉滝が近くにある秘湯の宿は、めずらしくありません。

現地を旅する―アースウォッチの旅

主題別カラー画像から読み取った結果を現地で確かめることが、アースウォッチの旅です。温泉ばかりでなく、鉱物、化石、遺跡などのアースウォッチングでも同じです。これを繰り返すことで、画像を見ただけで対象地域の地形、岩石、植物、水などの自然環境が理解できるようになります。自然の温泉や温泉沢に出合える地域には、さまざまな共通点があるからです。

①地下に熱源が存在する地域

水がお湯になるには、熱が必要です。そのような熱源がある地域は、かつてマグマが侵入した地域、カルデラ、爆裂湖、火口原など火山を起因とする地域です。直径1kmほどのマグマが地下で冷え、花崗岩などの火成岩になるにはおおよそ30万年もの年月がかかるといわれています。

②温泉が流れ込んでいる川や沢

水底の石、河原の石の色に着目します。表面が乳白色、淡いクリーム、黄褐色から錆色（茶褐色）に変色していたら、温泉が流れ込んでいると考えてよいでしょう。水底の石が淡いクリームやピンクの粘土のようなもので覆われていたら、自然の源泉はすぐ近くです。程度の差はありますが、このような場所では温泉特有の卵の腐ったようなにおいが漂っています。

③源泉地に出合う

源泉一帯の岩石は火山性粘土に変性し、滑りやすく危険です。また、高温の熱蒸気や有毒な火山性ガスが突然噴き出すこともあります。源泉地は離れて観察し、絶対に近づかないようにしましょう。

④自然の温泉、温泉沢を楽しむ

適温で風通しの良い場所で、好きなだけ自然の温泉、マイ温泉を楽しみましょう。

写真協力：大塚　誠

写真協力：大塚　誠

山岳地帯には、多くのダムが造られています。そこでダム監視用の道などを利用すると、手軽に自然の温泉を楽しむことができます。例えば、新潟と長野の県境の妙高から焼山《やけやま》、雨飾山《あまかざりやま》、小谷《おたり》地域。岐阜、富山、石川、福井の４県に広がる白山《はくさん》地域、大分県の飯田高原から久住《くじゅう》高原、熊本県の阿蘇《あそ》谷から阿蘇カルデラ、鹿児島と宮崎両県に広がる霧島火山群域では、林道や遊歩道沿いの沢に自然のお湯が湧き出しています。薩摩半島先端の指宿市山川から開聞岳にかけては、砂浜に自然のお湯が湧き出しています。紺碧の大海原を眺めて入るトカラ（吐噶喇）列島の島々の海浜温泉は格別です。

沢や河川、海岸線に湧き出している自然のお湯は、誰でも自由に入ることのできる自然の温泉、マイ温泉です。自然のお湯は、自然の恵みです。いつでも、いつまでも楽しめるよう自然環境に配慮し大切に扱いましょう。

CD-ROM 収録画像解説

1. 東海・甲信越

妙高から焼山、雨飾、小谷

八ヶ岳連峰から蓼科、美ヶ原

伊豆半島

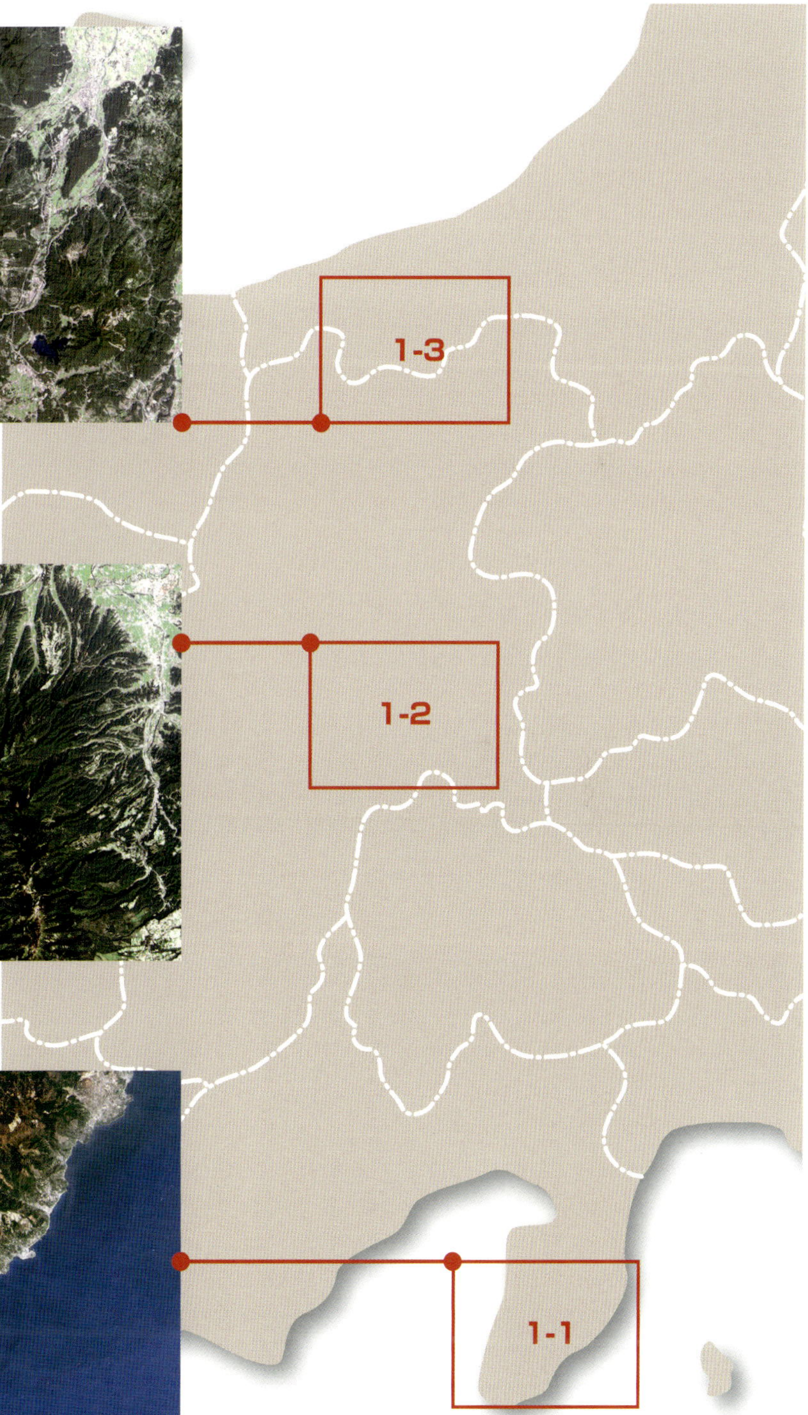

1-1 近くて遠い青き伊豆の山々 伊豆半島 （静岡）

４月下旬の伊豆半島です。ここでは伊東市から天城山系を含めた東伊豆と、堂ヶ島から下田までの西伊豆の二つの地域を取り上げます。都心から近い伊豆ですが、湯ヶ島、下田、稲取、堂ヶ島などを除けば、野趣あふれる素朴な温泉を楽しむことができます。

収録画像全景　**EZ-123**

湯ヶ島
伊　豆
伊　東
天城山
天城峠
熱川
東伊豆
河津七滝
稲取
河津川
河　津
河津
白浜
相模湾
稲生沢川
下田
下　田
爪木崎
弓ヶ浜

東伊豆

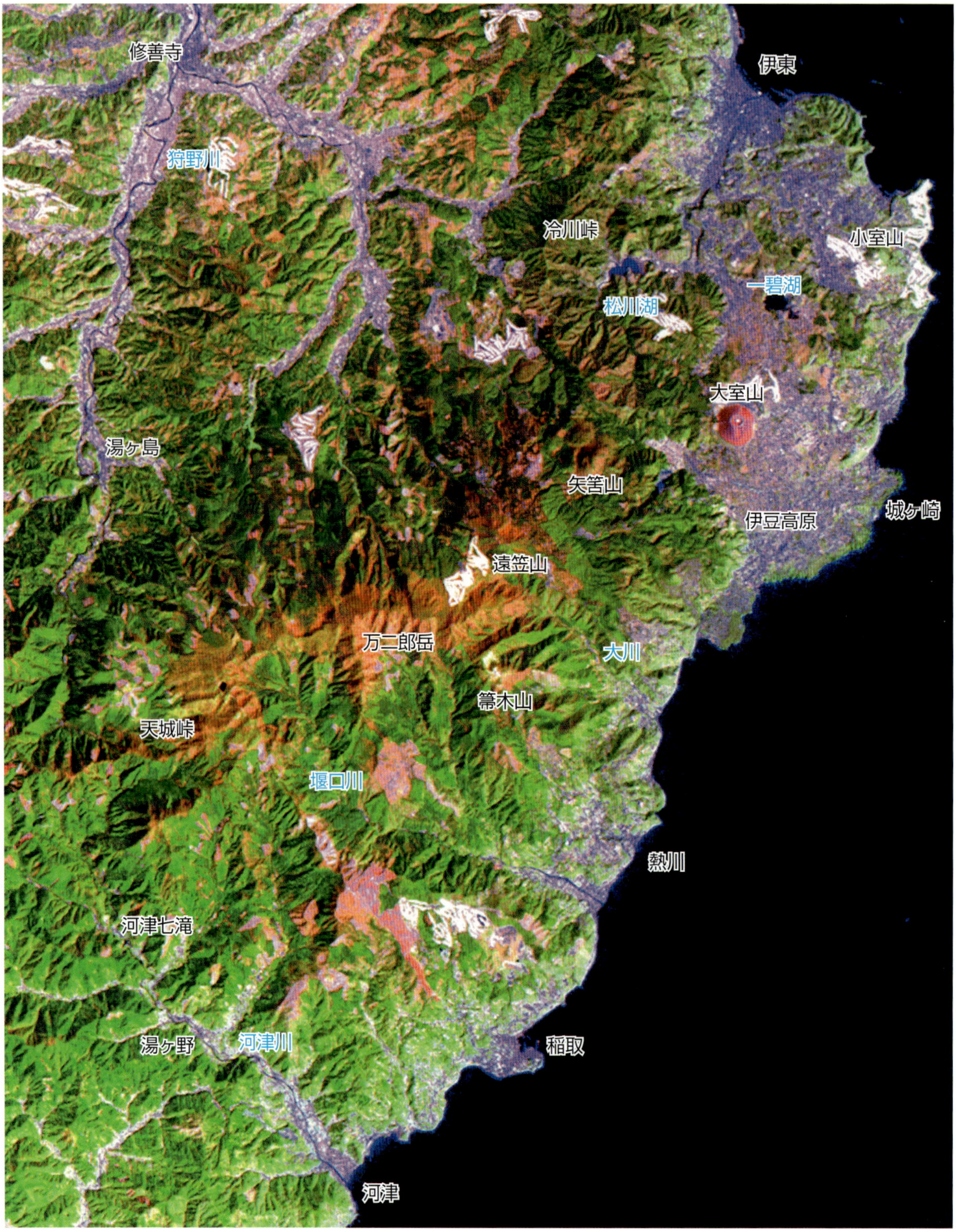
修善寺
伊東
狩野川
冷川峠
小室山
一碧湖
松川湖
大室山
湯ヶ島
矢筈山
伊豆高原
城ヶ崎
遠笠山
万二郎岳
大川
箒木山
天城峠
堰口川
熱川
河津七滝
湯ヶ野
河津川
稲取
河津

EZ1-245

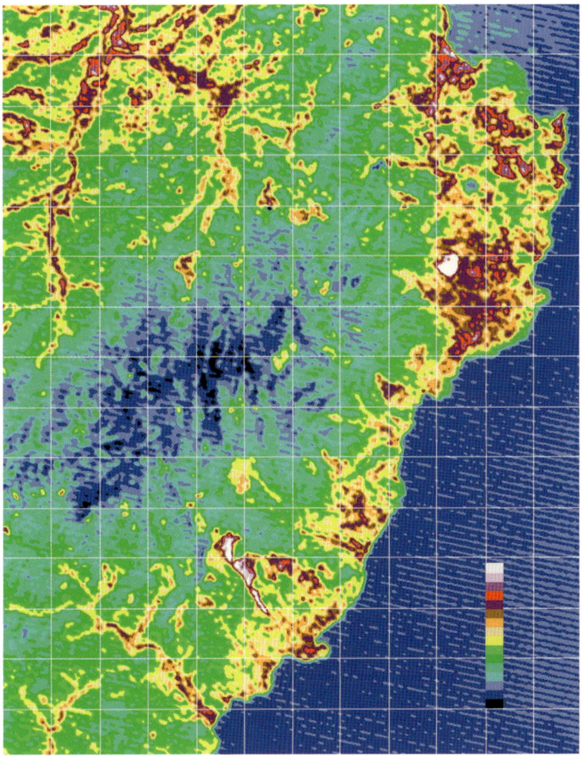

EZ1R-006

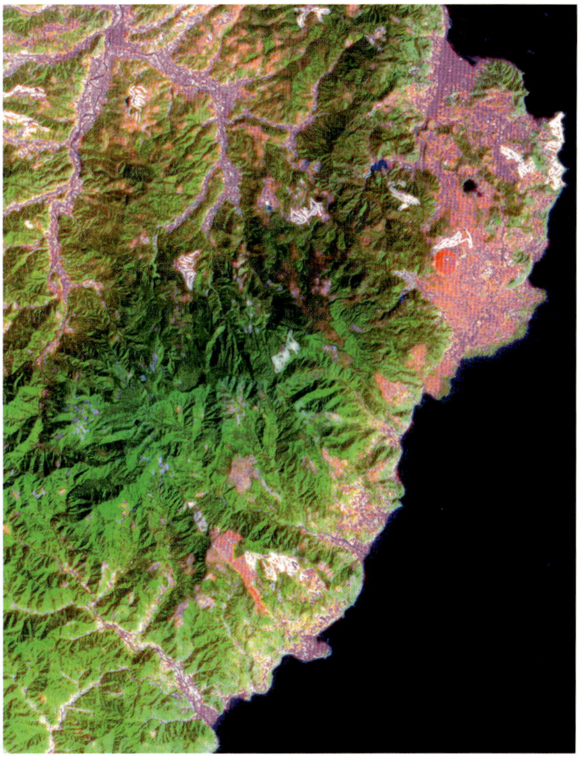

EZ1V-246

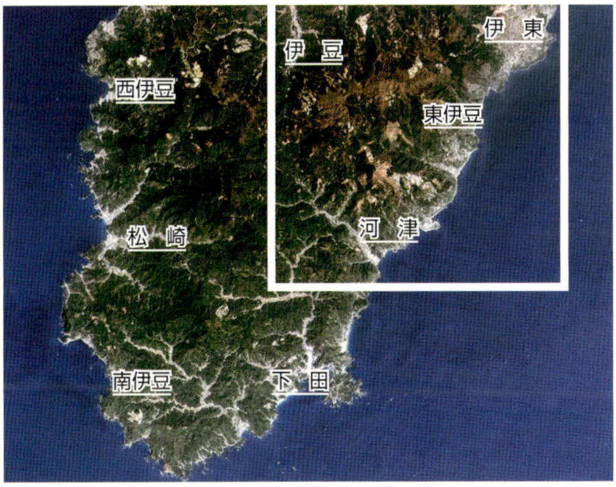

この地域は、海底火山が隆起した土地です。現在も海底火山活動に伴う地震がたびたび発生しています。東伊豆では海岸線に近づくほど湯温が高く、熱川などでは高温泉（42℃以上）が自噴しています。天城山脈に源流を持つ大川、川久保川、堰口川《せんぐちがわ》などの河川が有力な候補地域です。河津から天城峠に至る街道沿いの渓谷には、素朴な温泉宿が点在しています。

「衛星画像」豆ちしき①

知っておきたい衛星利用

「宇宙はロマン」の言葉で代表される日本の宇宙開発です。これまでに宇宙開発に投じられた税金は、約5兆円（2009年3月まで）。国際宇宙ステーションでは、日本の実験棟の設置までに約7,600億円、維持管理は年間400億円。冷静に考えれば、宇宙はロマンだけで片づけられる問題ではありません。

ここで使用している写真・データは、米国の資源探査衛星ランドサットから送られてきたものです。1972年に1号機が打ち上げられ、現在の7号機まで継続して地球を観測しています。フランスでは1986年に資源探査衛星スポット1号機を打ち上げ、2009年9月現在は5号機が引き続き観測中です。納税者の権利、意識が発達している米国やフランスでは、納税者である国民が何らの利益も得られなければ、これらの衛星の運用は中止されていたはずです。しかし、両衛星は現在も運用されています。

本書の目的は、これまでの宇宙開発とそこから得られた研究成果を活かし、各地の自然の温泉を楽しむことです。自然界の現象をとらえ、それを暮らしに役立てるのが科学です。アースウォッチの旅は、衛星画像を読み取り、現地を旅し、結果を確認するだけです。難しい科学の知識は、必要ありません。

西伊豆

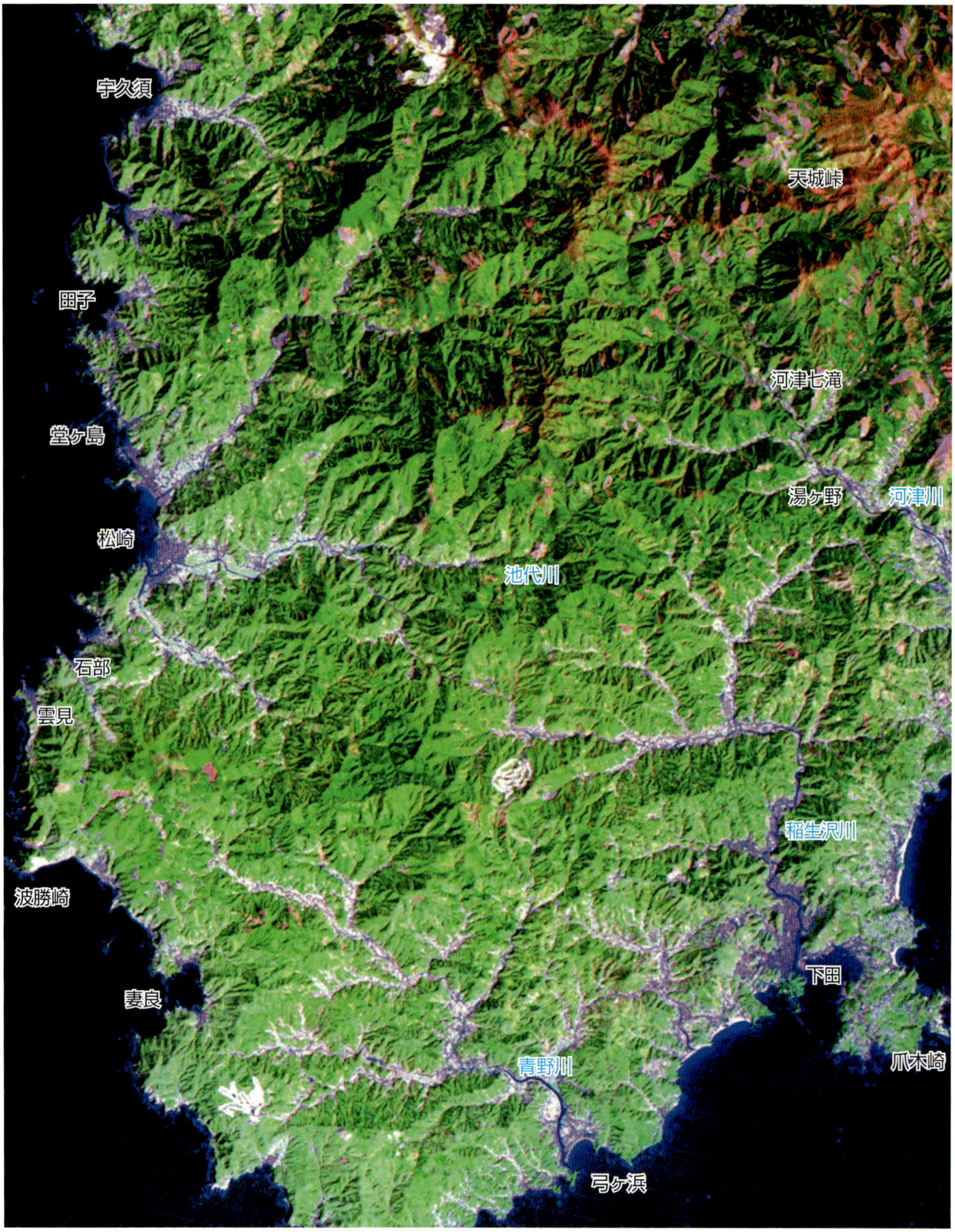
宇久須
天城峠
田子
河津七滝
堂ヶ島
湯ヶ野
河津川
松崎
池代川
石部
雲見
稲生沢川
波勝崎
下田
妻良
爪木崎
青野川
弓ヶ浜

EZ2-245

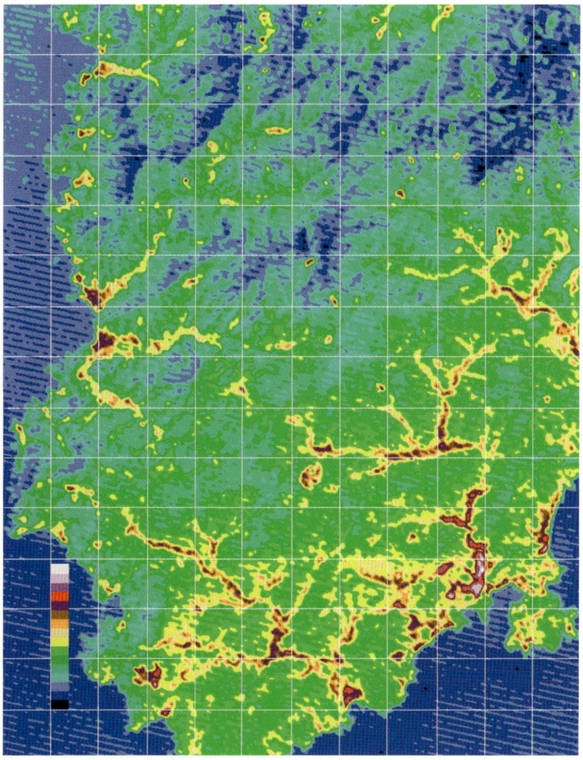

EZ2R-006

EZ2V-246

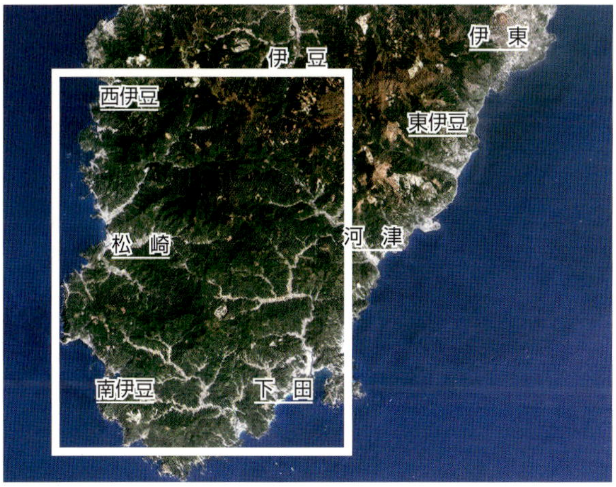

西伊豆には、土肥金山のような鉱山が各地に点在しています。東伊豆の温泉と違って高温の自噴井を見かけることはできませんが、堂ヶ島から南の西伊豆には岩地、石部、雲見などの海浜温泉があります。自然の温泉に出合えそうな地域としては、松崎港に流れ込む池代川源流域が有力でしょう。

「衛星画像」豆ちしき②

衛星画像は、究極のインテリジェンス～その１

資源とは、経済的に価値のあるものと定義されます。石油や天然ガス、金銀銅などの鉱物だけが資源ではありません。乾燥地帯では、飲料水が石油よりも高価です。典型的な例では、海外における農地や鉱区の売買です。地下水の存在する場所を衛星画像でひそかに知り、農地に適さないと考えられている荒れ地を二束三文で購入して大規模な農地に蘇らせる。石炭や鉄鉱石などの鉱物資源も同様です。

世界の主要穀物の４分の１を取り扱う米国の穀物メジャー、カーギル社は自社で衛星を所有し、主要穀物の作付けから収穫状況までを世界規模で把握しています。その情報量と正確さは、CIA（Central Intelligence Agency：米国中央情報局）より優るともいわれています。穀物には、米、麦、トウモロコシなどの主食用穀物以外に、コーリャンなどの飼料用も含まれます。鹿児島県志布志湾には、同社の巨大サイロ群が林立しています。フランス、ブラジル、ロシア、中国などは農業国です。そのため各国とも、衛星による観測を国家レベルで強化しています。

1-2 清純な高原で味わう素朴ないで湯 八ヶ岳連峰から蓼科、美ヶ原（山梨・長野）

ここでは松本市郊外の美ヶ原から霧ヶ峰・蓼科《たてしな》にかけた北部高原と、八ヶ岳連峰地域を選びました。両地域ともに活動中の火山はありませんが、尾根や山麓にはかつての火口跡が湖沼となって点在しています。

収録画像全景　**KY-123**

佐久
142
長和
152
女神湖
299
佐久穂
立科
霧ヶ峰
白樺湖
蓼科山
車山
小海
横岳
麦草峠
蓼科湖
蓼科高原
奥蓼科
茅野
根石岳
南牧
八ヶ岳
硫黄岳
原
横岳

美ヶ原、蓼科地域

KY1-245

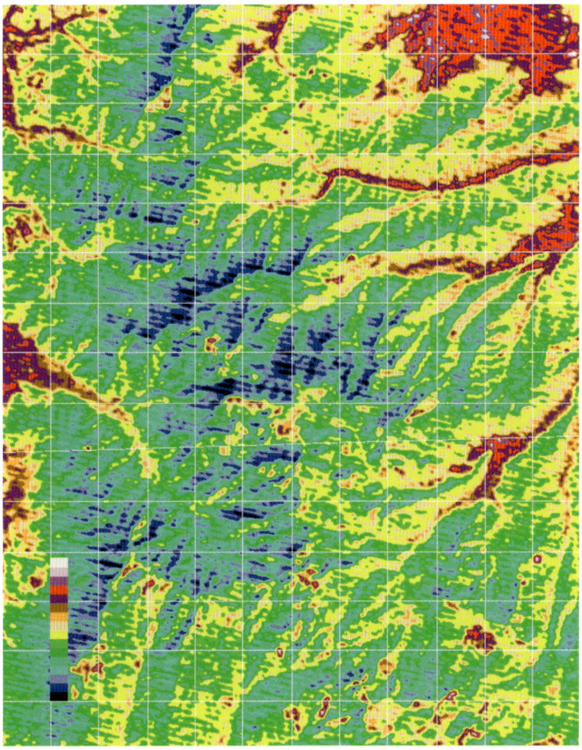

KY1R-006

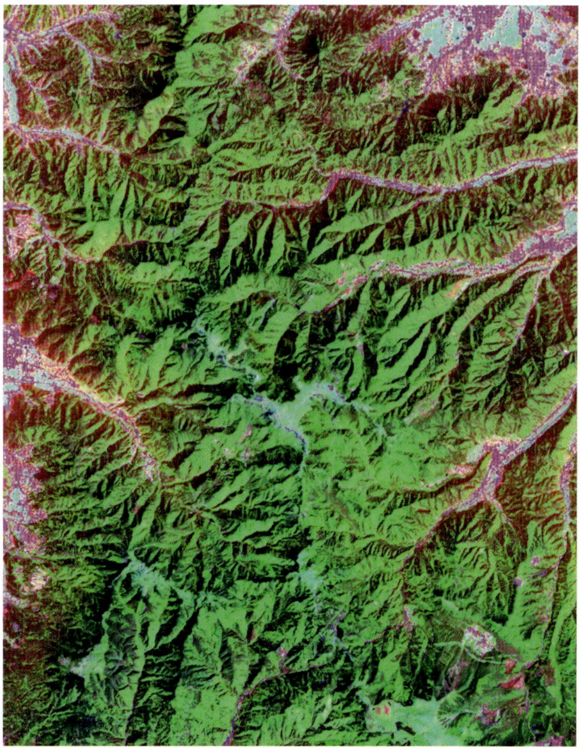

KY1V-246

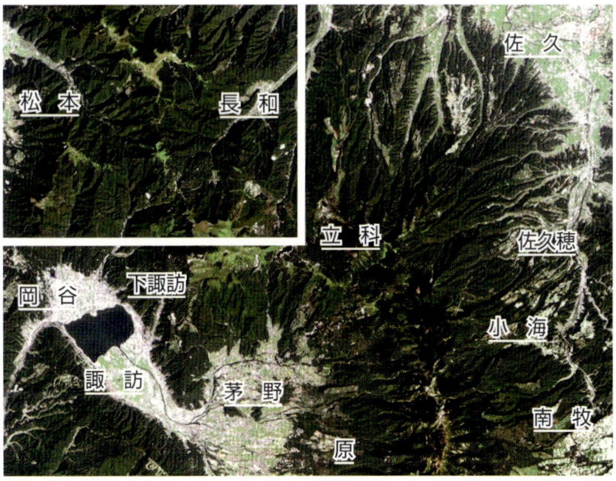

この地域の温泉の特徴は、ミネラル分が多く含まれていることです。42℃以上の高温泉に出合うことはできませんが、36℃程度の自然の温泉沢にならば出合うことができます。霧ヶ峰から蓼科高原にかけては、大規模なリゾート開発が行われているため、自然の湯を楽しむことは難しいでしょう。

「衛星画像」豆ちしき③
衛星画像は、究極のインテリジェンス～その２

ロケットや人工衛星の発展は、軍事目的が先行してきました。ロケットは敵地を遠方から攻撃する目的で開発されたミサイル、人工衛星は敵国を宇宙から偵察する目的です。航空機による偵察では領空侵犯に問われますが、衛星では問われませんでした。しかし，現在ではランドサットなどの平和利用を目的とした衛星であっても、その公開は制限されています。インターネットで公開されている高精度の衛星写真（画像）は、米国の安全保障にかかわると判断された場合は、その地域の画像は非公開になります。イラク、アフガニスタンなどが、その典型です。日本の地球観測衛星（陸域観測技術衛星）「だいち」（ALOS）では、海外を観測した画像は１年に１度観測したものだけです。

カーナビなどで利用されるGPS（全地球測位システム）衛星は、米国海軍が管理運用しています。仮に米国の安全保障を脅かすほどの紛争が極東アジアで発生した場合、カーナビは使用できなくなる恐れがあります。本書で使用している資源探査を目的とするランドサットはその初期、米国空軍が管理運用していました。現在は米国航空宇宙局（NASA）が運行管理し、観測したデータは米国地質調査所（USGS）が管理しています。

八ヶ岳連峰

KY2-245

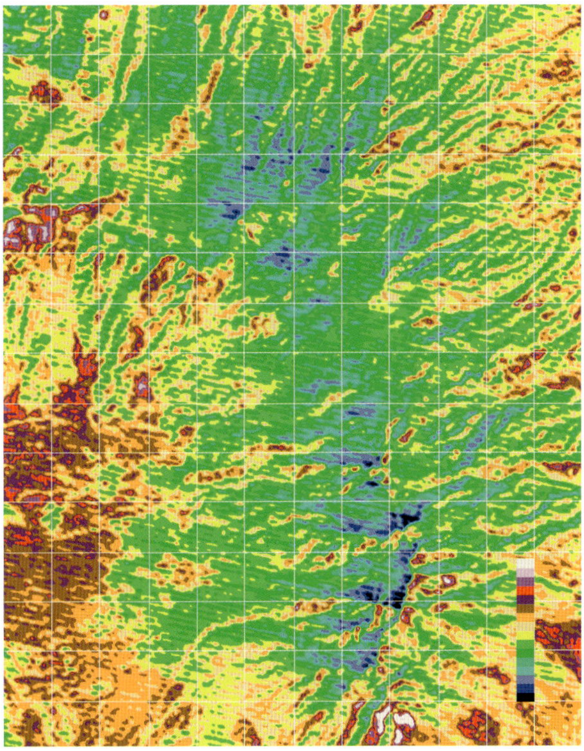

KY2R-006

KY2V-246

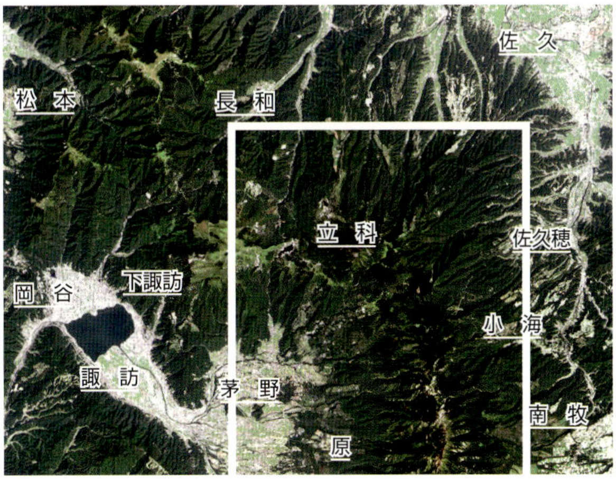

八ヶ岳連峰地域では、リゾート客でにぎわう蓼科高原の南に位置する渋川渓谷の奥蓼科温泉郷がお勧めです。さらに上流の渓谷では自然の湯が湧き出し、自然の温泉を楽しむことができます。八ヶ岳の楽しみ方は連峰縦断ではなく横断です。登山道が整備されて歩きやすく、自然の温泉に出合うことが可能です。

「衛星画像」豆ちしき④

衛星データと主題別カラー画像

人工衛星には、決まった回帰日数があります。回帰日数とは、衛星が同じ軌道面に戻ってくるまでの日数です。ランドサットの回帰日数は、17日です。回帰日数17日のランドサットでは、同じ地域を観測したデータは1年で約21本しかありません。曇り、雨、雪の日に観測されたデータは、雲が邪魔をして地表が観測できません。冬は雪、夏は植物が広く地上を覆っているため、地表の状況が把握できません。衛星データ選びは、解析以上に大仕事です。

衛星データは解析ソフトウエアを使って画像化しますが、解析者によって異なります。熱量分布の画像（XXR-006）を、本書ではサーモグラフと呼んでいます。サーモグラフィーは辞書に載っていますが、サーモグラフはありません。「熱赤外域のセンサーが観測したデータ値を色に置き換えたシュードカラー画像」では、理解しにくいため著者が作った用語です。本書のサーモグラフは16色ですが、財団法人リモート・センシング技術センター（RESTEC：Remote Sensing Technology Center of Japan）が販売する画像は32色です。ここで使用している衛星写真、自然カラー、フォールスカラー画像は、著者の解析ルールで画像化しています。

1-3 広葉樹林に 癒やされてつかる自然の湯 妙高から焼山、雨飾、小谷 （新潟・長野）

焼山からの溶岩は、谷を埋めつくしながら日本海方向に牛の舌のように長く延びています。もし流出域がへこんで見えるようでしたら、画像の上下（南北）を反対にしてください。焼山は火山活動のため入山禁止措置をとられたことがあります。入山には十分注意してください。新潟県の妙高から乙見山峠を越え、長野県小谷《おたり》村に入る林道は季節限定です。

収録画像全景　　YK-123

上　越
笹倉
能生川
早川
海谷渓谷
焼山
火打山
雨飾山
妙　高
妙高山
赤倉山
乙見山峠
笹ヶ峰ダム
池の平
小谷
関川
黒姫山
信　濃
乙妻山
長　野
高妻山

妙高・焼山

笹倉
糸魚川
早川
能生川
矢代川
焼山
火打山
妙　高
雨飾山
関
妙高山
赤倉山
笹ヶ峰ダム
乙見山峠
中谷川
黒姫山
佐渡山
信　濃
高妻山
裾花川
長　野
戸隠
飯縄山
飯　縄

YK1-245

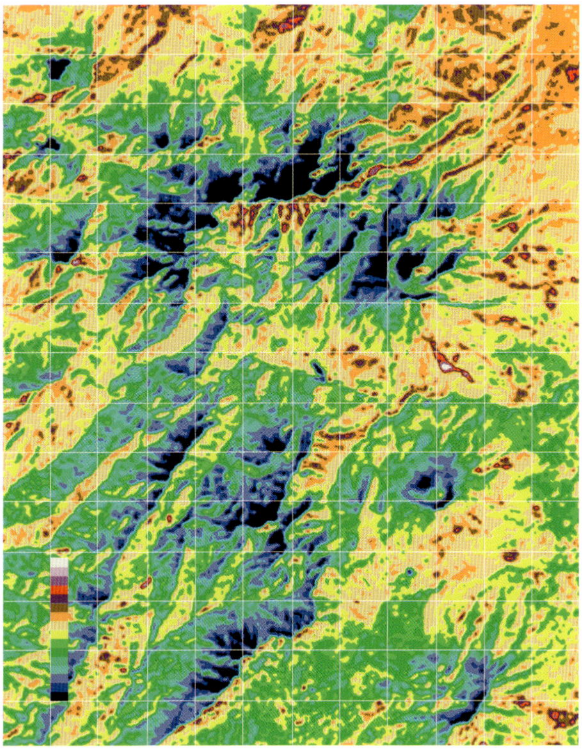

YK1R-006

YK1V-246

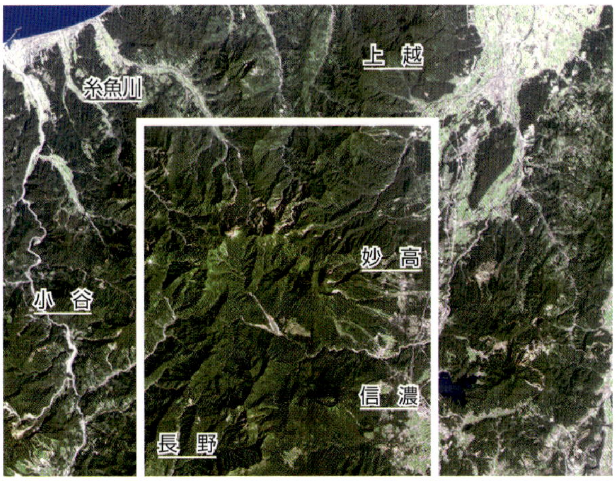

この地域では、妙高山のカルデラと雨飾《あまかざり》山《やま》、焼山、火打山の山麓歩きです。妙高山では、登山道脇で温泉滝や自然の温泉が楽しめます。雨飾山から焼山の山麓では、広葉樹林の中で自然の温泉が楽しめます。小谷村を流れる中谷川でも、自然の温泉は楽しめます。林道は閉鎖されていることが多いので、地元の方のアドバイスに従ってください。

「衛星画像」豆ちしき⑤

衛星画像の特徴と使い方

アースウォッチの旅の第一歩は、地形を含む地表の変化を読み取ることです。火山では、溶岩流や泥流域がへこんで見えることがあります。そのような場合は、天地を逆さにすることで流出した溶岩の量や方向、その後に発生した泥流の規模が読み取れます。これは衛星が北から南に飛行中に観測しているためです。まずは、特徴的な地形を探しましょう。

例えば、直線状の地形です。直線状に表れた地形からは、断層、構造線、破砕帯《はさいたい》の長さなどを知ることができます。石油や天然ガスなどの地下資源の探査では、直線的な形状の抽出が最初に行われます。これをリニアメント（直線状）抽出と呼びます。地殻変動の観察や地下資源を探す以外に、遺跡、遺構、廃村、鉱山跡地など人工的につくり出された地形を見つける際にも有効です。

衛星画像は、地上を真上から見下ろしたものです。滝を探したい場合は、川や沢筋の途中で丸く岩場が露出している場所を探してください。本書で使用している画像では、「－245」の自然カラー画像が最適です。岩場の露出している場所は、この自然カラー画像ではピンク系で表示されています。

◎ちょっと寄り道～01　景勝地、上高地の謎を解く

３年先まで予約で満杯のホテルがあります。その場所はシーズンともなれば、テレビ、新聞、雑誌が競い合って取り上げる上高地。さりとて目玉となる観光施設はありません。自然の景観こそが、日本人ばかりでなく海外の旅行者を魅了する観光資源です。そこで上高地の魅力と不思議を、アースウォッチの旅流に解き明かしてみました。

【景勝地、上高地】

上高地の魅力は、雄大な穂高連峰と氷河の侵食でつくられたＵ字谷、その周縁を彩る森林、それらをバックに流れる清涼な梓川が織り成す自然のコントラストです。

【画像から知る上高地】

衛星画像から地形を読み取る際は、直線状の地形に注目します。構造線や断層を除けば、直線状の地形の大半は人工的な造作物です。上高地の玄関口に位置する大正池は、焼岳の噴火でできた梓川の堰止湖です。二つの画像で注目すべきは５本ある焼岳の崩落沢の中でも、中央に位置する３本です。崩落沢の終端域には、３本の崩落沢を結ぶ直線状の溝が読み取れます。

【大正池を守る崩落沢バイパス】

崩落沢の規模や方向から考えれば、大正池の消失は自然の理。池の存在を可能にしているのは、焼岳山麓と大正池の中間地に造られた土石流バイパスです。一帯は立ち入り禁止域になっています。清浄な上高地の自然が保たれているのは、景観を維持する努力がなされているからです。

CD-ROM 収録画像解説

2. 中部山岳

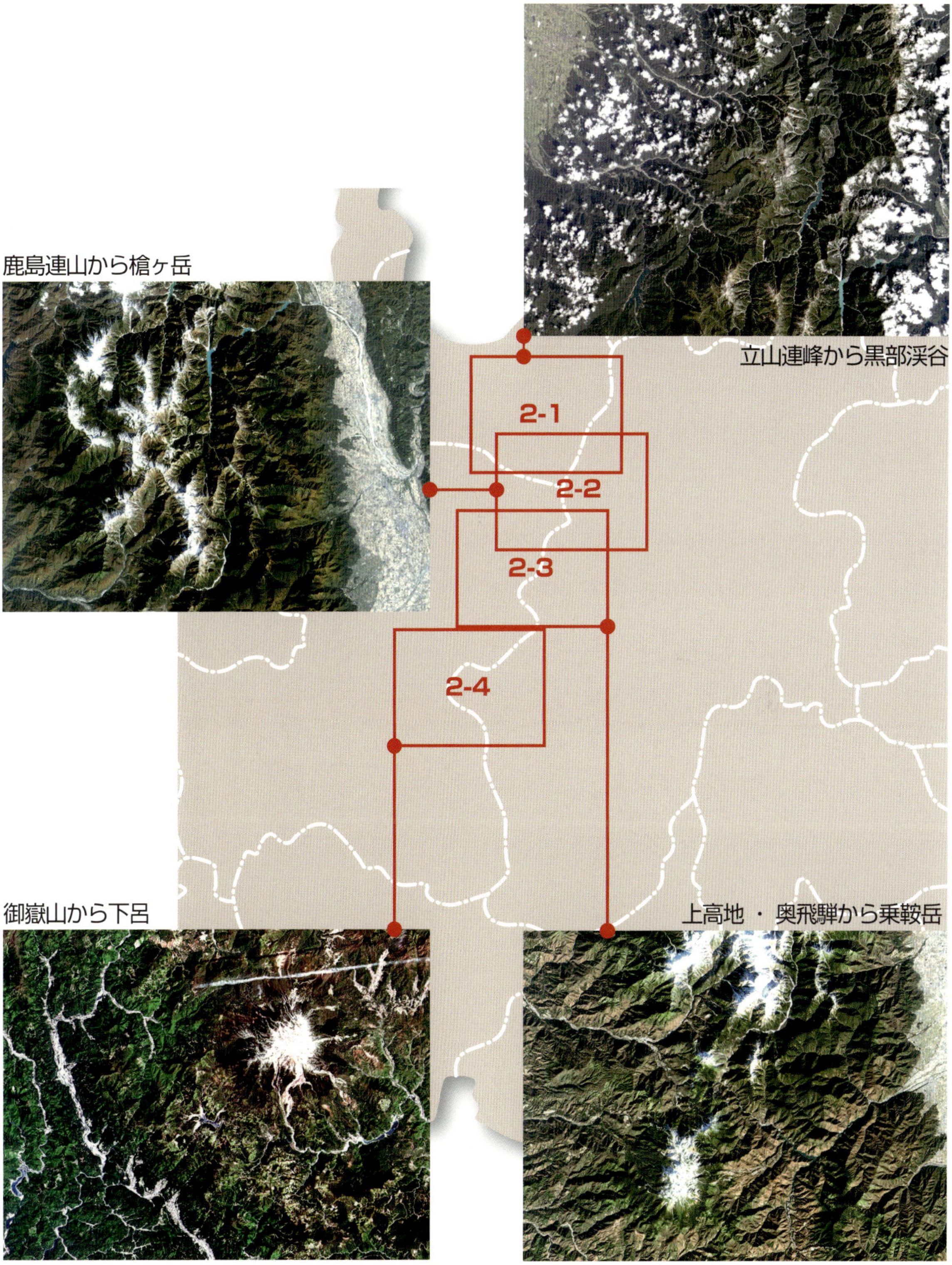

2-1 秘境の地で味わう自然の湯 立山連峰から黒部渓谷 (富山・長野)

雄大な自然の姿を残す秘境、黒部・立山地方です。ランドサットが真夏に観測したデータを使っています。6月から10月上旬までの季節限定ですが、多くの自然の湯を楽しむことができます。自然の湯は、宇奈月《うなつき》から黒部峡谷鉄道を使って入る黒部渓谷、立山黒部アルペンルート終点の室堂平から徒歩で入る弥陀ヶ原一帯の湯沼や湯池、黒部ダムの監視道で入る3地域です。

収録画像全景　**KB-123**

祖母谷
魚津
黒部
黒部川
仙人湯
剣岳
十字峡
鹿島槍ヶ岳
地獄谷
室堂平
立山
陀ヶ原
黒部湖
浄土山
鷲岳
五色ヶ原
蓮華岳
葛
七倉ダム
黒部川
烏帽子岳
薬師岳
大町
高瀬湖
赤牛岳

黒部・立山

魚 津
黒 部
祖母谷
上 市
早月川
仙人湯
十字峡
剣岳
黒部川
地獄谷
立山
称名川
称名滝
弥陀ヶ原
浄土山
黒部湖
常願寺川
富 山
五色ヶ原
大 町
高瀬湖
薬師平
赤牛岳

KB1-245

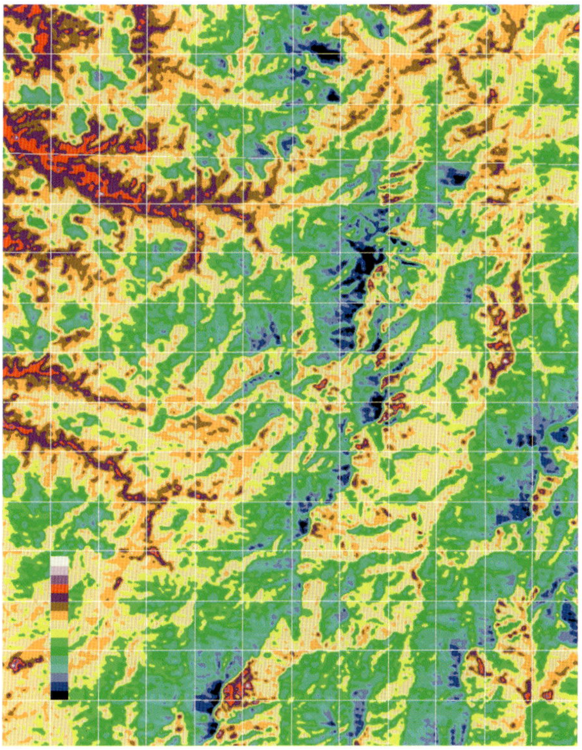

KB1R-006

KB1V-246

この地域の自然の湯は、宇奈月から峡谷鉄道を使って入る渓谷の秘湯、室堂平から弥陀ヶ原一帯の湯沼や湯池、黒部ダムの監視道で入る秘境の湯の三つがあります。黒部ダムの監視道は落石などの危険が多いため、画像だけで楽しんでください。この辺りは真夏でも残雪に出合える山岳地です。服装には、十分に配慮してください。

「衛星画像」豆ちしき⑥

金や銀、銅、亜鉛などの鉱物探しは？

自然の温泉に出合うには、どのような条件が揃えば自然界でお湯がつくられるかを理解するだけです。鉱物資源探査も、同じです。金や銀、銅、亜鉛などは、マグマから分化した熱水（金属が溶け込んでいる高温の残滓《ざんし》）が周囲の岩石（母岩）に貫入して冷えて石英などとともに鉱脈を形成します。この際に熱で変成した岩石（母岩）が、熱水変成岩です。

鉱脈の中、こぶのような大きな塊で発見される場合を「落とし」、小さいものは「ポケット」と呼ばれます。金では、76kgもの塊で発見されたことがあります。大英博物館には、28kgの自然金の塊が展示されているそうです。砂金のような場合は、上流に鉱脈の露頭域があるはずです。金などの鉱物を探したい方は、花崗岩などの火成岩が存在する地域を探すことです。

金属鉱物は温泉同様、火山の副産物です。火山国の日本。数万年後は、世界有数の鉱物資源国になっているかもしれません。参考までに平成の黄金郷、鹿児島県菱刈《ひしかり》金山の推定採金量は、約200トンとのこと。菱刈金山の探査では、資源探査衛星などが利用されたとのことです。

2-2 絶景の地で天然温泉を
鹿島連山から槍ヶ岳
（長野・岐阜・富山）

3,000m級の山々が南北に連なる北アルプスの中央部に位置します。左上は黒部ダム湖、中央の細長い湖が高瀬ダム湖です。上高地～奥穂高～槍ヶ岳の南ルートから入った北アルプス縦走者と、白馬岳～鹿島槍ヶ岳～鉢ノ木岳の北ルートをたどった縦走者が出会い、語り合う場所が高瀬ダム湖の南端にあります。

収録画像全景　**KP-123**

高瀬川
大町
七倉ダム
高瀬湖
高瀬川
口五郎岳
燕岳
松川
中房
湯俣川
湯俣
硫黄岳
中房川
大天井岳
安曇野
槍ヶ岳
中岳
常念岳
烏川
北穂高岳
蝶ヶ岳
奥穂高岳
梓川
明神岳
西穂高岳
松本

大町・高瀬湖

KP1-245

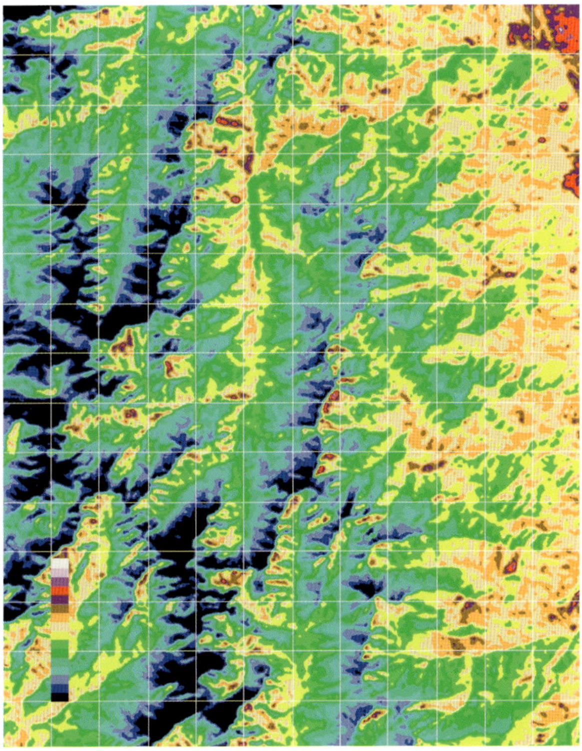

KP1R-006

KP1V-246

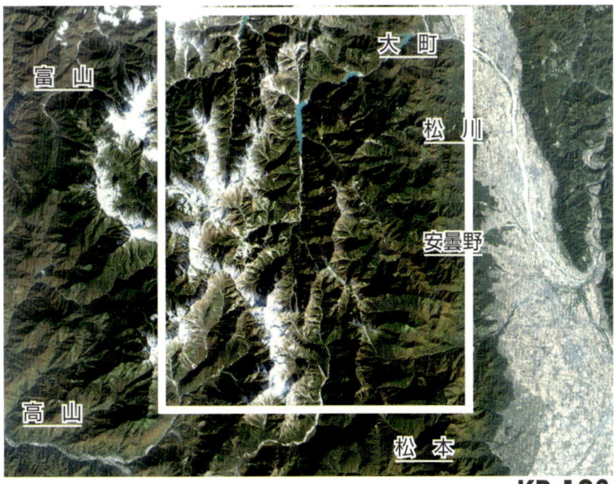

KP-123

大町温泉郷を流れる高瀬川上流には秘湯の宿・葛温泉があります。高瀬ダム湖の監視道でダム湖の南端まで行き河原の道を数時間歩くと、北アルプス縦走者の出会いの湯、地獄温泉へ。燕岳《つばくろだけ》山麓の中房川《なかぶさがわ》上流では、河原でマイ温泉を楽しむことができます。

「おんせん」豆ちしき①

『温泉─おんせん』を定義する

秘湯を「ひゆ」、名湯を「めいゆ」と読まれる方でも、銭湯を「ぜにゆ」と読む方はいないでしょう。銭湯も、お湯を使っています。日本における温泉の定義は、1948年に制定された温泉法に基づきます。それによると、

①地中から湧き出す25℃以上の温水、または蒸気

②25℃以下でも、バリウム、マンガン、カリウム、ラドンなど一定量以上のミネラル分を含む鉱水。鉱水を沸かした湯は『鉱泉』と呼ばれ、温泉と同一視されています。

「温泉」の名称を使うには、浴槽を作り、最初に入れた温水、蒸気、または鉱水を都道府県の薬剤師連合会などの機関に提出します。提出された温水や鉱水は、温泉法に則して温度、源泉地、成分が審査されます。温泉法の適用を受けた温泉宿やホテルでは成分分析表の掲示が義務づけられていますが、審査後に異なる温水、鉱水、水に入れ替えても「温泉」の名称を継続して使用することができます。各地で偽温泉事件が多発したこと受け、環境省は2005年5月に加水、加温、循環の有無、入浴剤使用の有無などを盛り込んだ温泉法施行規則改正を実施しました。温泉は、法律用語なのです。年配の方は「温泉に行く」とは言わず、「湯治《とうじ》」、「湯治場《とうじば》」に行くと言います。

2-3 清浄な山岳リゾートを楽しむ 上高地・奥飛騨から乗鞍岳（長野・岐阜）

10月上旬の奥穂高岳から乗鞍岳です。山岳地には、すでにかなりの新雪が見られます。この地域は日本の山岳リゾートモデルとして開発されたことから、景観維持と自然保護に配慮されています。上高地の玄関口にあたる焼岳は今も噴煙を上げる活火山で、麓の梓川では熱泉が音を立てて噴き上げています。焼岳の西山麓は山岳秘湯のメッカ、奥飛騨温泉郷です。

収録画像全景　**KM-123**

南岳
常念岳
北穂高岳
涸沢
蝶ヶ岳
安曇野
烏川
奥穂高岳
前穂高岳
西穂高岳
梓川
上高地
徳本峠
霞沢岳
中の湯
松本
房峠
梓川
波田
白骨
梓湖
乗鞍高原
朝日
鉢盛山
奈川
小鉢盛山
野麦峠

上高地・奥飛騨・乗鞍岳

KM1-245

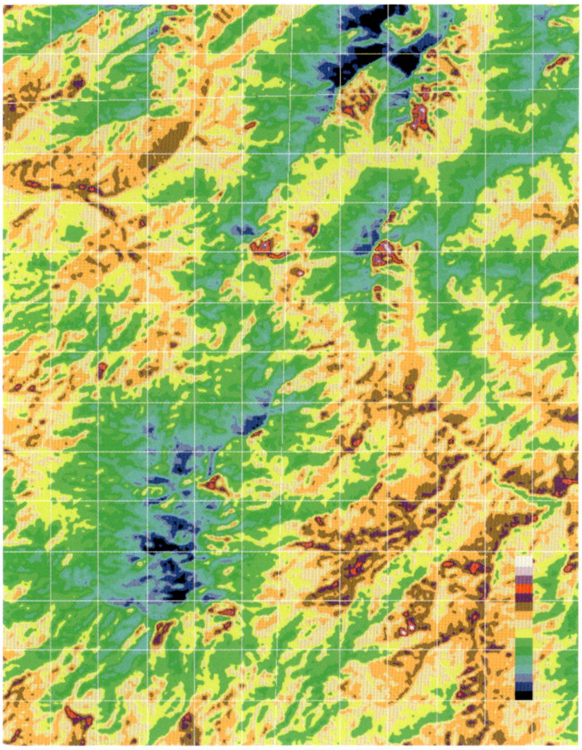

KM1R-006

KM1V-246

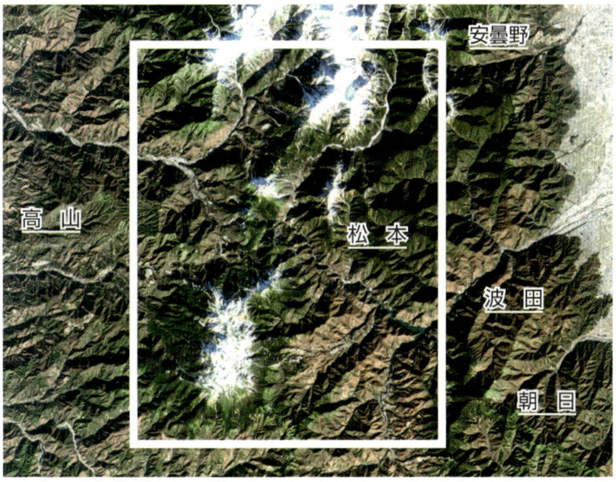

KM-123

上高地と奥飛騨を結ぶ安房《あぼう》峠のトンネル工事では、大規模な熱水脈に突き当たってルート変更が余儀なくされたほどです。この地域では随所で自然の温泉を楽しむことができます。清浄な山の温泉を楽しみたい方は、長野県側の乗鞍高原、素朴で野趣あふれた自然の温泉を楽しみたい方は安房峠越えの旧道沿いの沢がお薦めです。

「おんせん」豆ちしき②

これって『温泉』？

都心や郊外にも、温泉法の適用を受けた「温泉」があります。これは地下の増温率が深く関係しています。地球内部（約6,000℃）からは、地表に向かって熱が流れています。平均的な地下の温度上昇率は、100mにつき3℃上昇します。これは地下1,000mでは、30℃になることを意味します。そのため都市部にある多くの温泉の源泉は、地下800mから1,600mになっています。化石海水を汲み上げているため、多くは単純塩水です。これらの温泉も温泉法の適用を受けた温泉ですから、入湯税が課されるはずですが……。

水道水を沸かしたお湯を使った著名な温泉地のホテルや旅館、着色された秘湯の温泉などが話題になった頃、天然温泉を看板にしていた都心のある温泉は、実際に汲み上げたお湯を使っている浴槽は一つだけと宣言しました。スーパー銭湯の中にも、天然温泉を謳ったものがあります。パンフレットの成分表には泉温34.5℃と明記されていますが、監査時における気温15℃の付記。汲み上げ時の泉温は、19.5℃となります。銭湯は公衆浴場と呼ばれ、温泉とは区別されます。銭湯の入浴料は、物価統制令に基づいて都道府県知事が決めます。

2-4 信仰の山で楽しむ神々の湯
御嶽山から下呂
（長野・岐阜）

信仰の山としての御嶽山《おんたけさん》では、独自の文化が形成されてきました。御嶽山は単独の山ではなく、継子《ままこ》岳、魔利支天山、剣ヶ峰、継母《ままはは》岳などから形成され、最高峰の剣ヶ峰（標高3,063m）の山頂下には御嶽奥院が建てられています。山麓には多くの社殿が残され、御嶽では登山を「お参り」、登山道を「参道」と呼びます。山全体が信仰の対象になっていることから、行者たちが湯あみをする温泉が残されています。右の画像は、飛行機雲をとらえた珍しい衛星写真です。

収録画像全景　**MG-123**

高山
濁河峠
濁河川
濁河
開田高原
継子岳
木曽
魔利支天山
湯川
御嶽山
剣ヶ峰
継母岳
中の湯
白川
白川
赤川
伝上川
御岳高
王滝
三浦貯水池
王滝
王滝林道
王滝川
乙女渓谷
中津川

御嶽山・下呂

MG1-245

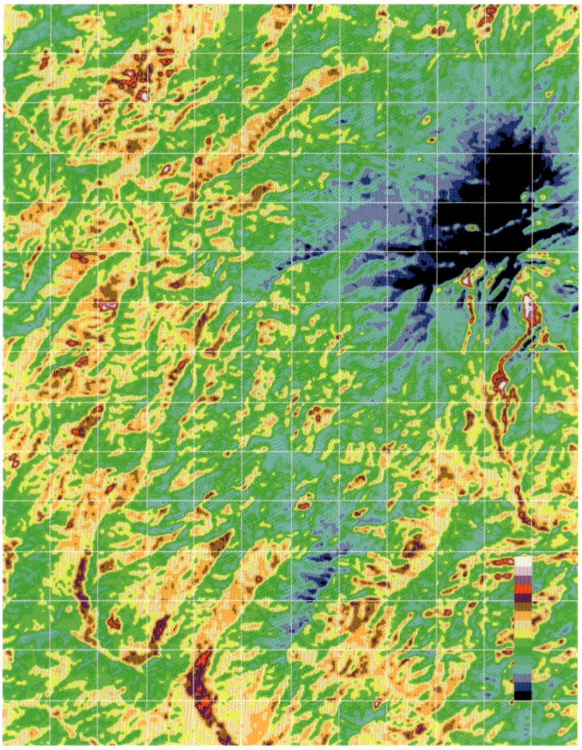

MG1R-006

MG1V-246

御岳高原と開田高原に挟まれた御嶽山麓には、中の湯など自然の温泉が数多く残されています。剣ヶ峰から継母岳にかけた地域に源流を持つ白川や赤川が、自然の温泉に出合える候補域です。しかし、1984年の長野県西部地震で大きな被害を受け、林道の一部は現在も立ち入りが禁止されています。ただし、岐阜県側の御嶽山では、濁河《にごりご》川上流で自然の温泉を楽しむことができます。

「おんせん」豆ちしき③

アースウォッチの旅で定義する自然の温泉

秘湯の中には自然石を掘り抜いた立派な浴槽を持ち、すぐ脇に湧出する70℃のお湯を流し込んでいても温泉と呼ばれないものがあります。山小屋の経営者や地元住人によって維持管理されている自然の温泉です。温泉法の適用を受けるには、申請者が必要です。申請手続きには、かなりの額の費用と期間を要します。さらに、入湯税の徴収義務が発生します。温泉法の審査を受けていないこれらの自然の温泉は、何々の湯と愛称で呼ばれています。温泉は、温度によっても次のように分類されます。

①冷鉱泉　25℃以下　②微温泉　25～34℃
③温泉　34～42℃　④高温泉　42℃以上

アースウォッチの旅では、自然の温泉とは地表水（雨や雪解けの水）が地下のマグマなどの熱源に熱せられお湯となって自然に湧き出し、温泉法の適用を受けていないお湯と定義しています。自然に湧き出しているお湯が流れている温泉沢、浴槽があっても「入湯税」を必要としない自然の温泉も含まれます。

◎ちょっと寄り道～02　物質の違いを読む

本書では、資源探査を目的とするランドサットのデータを使っています。資源探査衛星は、地上の物質が反射や放射している電磁波の量を観測しています。少し難しくなりますが、各物質は固有の波長と量を反射や放射しています。見た目は同じ岩石でも、火成岩と堆積岩では物質の構成が異なります。一方、わたしたちは形から物を判断しています。そして、偵察衛星の中には、人の顔さえも識別できるものがあります。資源探査を目的とするランドサットは、電磁波の波長域と量の分布から物質の分布を観察します。偵察衛星は、形状の違いから物を判別します。ランドサットのような平和利用を目的とする衛星であろうが、偵察衛星であろうが、国際法上は明らかな領空侵犯です。そのため、多くの国では公開を禁じています。

【資源探査—物質の違いを知る】

資源探査の機能を理解するため、同じ種類の主題別カラー画像を使って富士山と桜島の火山性噴出物域の広がりを見てみましょう。天然温泉付きの別荘と温泉なしでは、価格や品格に雲泥の差です。源泉１本の値段は約１億円ですが、石油や金属資源となれば源泉どころの話ではありません。陸上にある有力な油田や鉱山の多くは、衛星利用先進国の米国やフランスの企業が利権を確保してきました。

富士山

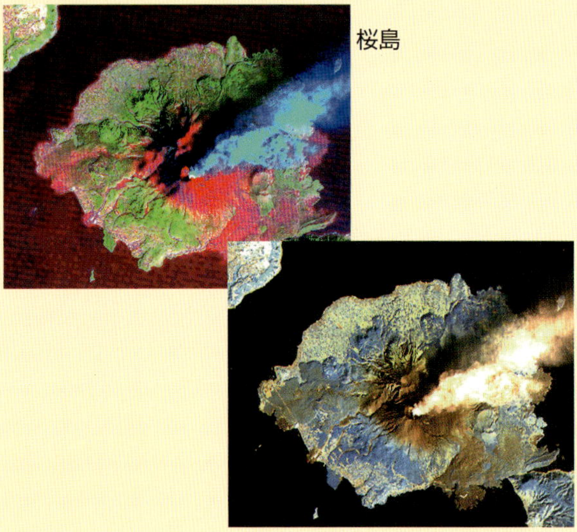
桜島

【究極の領空侵犯】

興味深い画像を紹介しましょう。左下の画像は、ネバダ州ラスベガス市北東域に広がる砂漠です。等間隔に整然と配置された七つの三角形、半地下状の道、その道が山の地下に築かれた施設に続いていることが読み取れます。エイリアン（宇宙人）をテーマにしたSF映画で取り上げられる「エリア51」と呼ばれる地下基地かもしれませんね。

右下はサンフランシスコの観光スポット、フィッシャーマンズワーフです。ホテルや係留中のヨット、路面電車のターンテーブルなどがはっきりと読み取れます。

『アースウォッチの旅入門』誠文堂新光社刊、福田重雄著より

画像提供：Space Imaging

CD-ROM 収録画像解説

3. 北陸・近畿・中国

大山から蒜山、湯原

白山から三ノ峰

三瓶山から世界遺産の石見

熊野、川湯から新宮

3-1 絶景の地で味わう 季節限定の湯 白山から三ノ峰（岐阜・福井・石川・富山）

白山・三ノ峰域は、福井、石川、富山、岐阜の４県境に位置し、貴重な水源地になっています。西に手取川ダム湖、南に九頭竜湖、東には御母衣《みぼろ》湖と白山域を囲むように配置されています。水源地としての役割ばかりでなく、一帯は古くから山岳信仰の中心になってきました。

収録画像全景　**HG-123**

白山スーパー林道
白川郷
東海北陸自動車道
中宮
鳩谷ダム
中ノ川
岩間
白川
地獄谷
三方崩山
庄川
白山
御母衣湖
白水湖
湯谷
高山
別山
三ノ峰
郡上
ひるがの高原

白山・三ノ峰

HG1-245

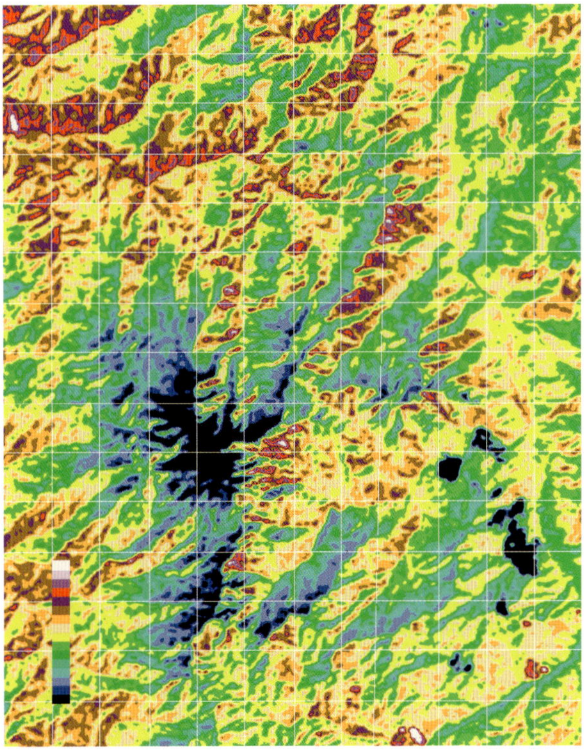

HG1R-006

HG1V-246

手軽に自然の温泉を楽しむには、白山スーパー林道を利用するのが最善です。手取川支流の尾添川には、天領、中宮、親谷の湯があります。これらの湯は、無料の自然の温泉です。中ノ川源流域には野趣あふれる岩間温泉が、上流の噴泉塔群の間を流れる熱湯沢は圧巻。手取川源流の湯の谷川、白水湖西岸の地獄谷、湯谷一帯は、温泉探しの有力な候補域です。

「おんせん」豆ちしき④

厄介物のお湯がお宝

都心部の『温泉』では、億単位の資金を使って地下数百メートルの源泉地からお湯を得ています。平均的な掘削費は100mにつき約1000万円ですから、源泉が地下1000mの場合ではボーリング費用だけで約1億円になります。都心の六本木ヒルズにオープンした会員制『温泉』施設の入会金は、約200万円とのこと。風の流れを感じる大自然の中で楽しむ温泉こそが、本物の温泉。コンクリートジャングルの中、金満温泉につかる日本人に自然の温泉は無縁でしょう。

一方で、厄介物のお湯をお宝に変えた『温泉』もあります。鹿児島県北部の湯之尾温泉の源泉地は日本最大の金山、菱刈鉱山の坑内です。坑道内に湧出する約60℃の熱排水を直径約30cmのパイプで、川内《せんだい》川沿いの湯之尾温泉や町民温泉センターに供給しています。そのため温泉愛好家からは、黄金の湯と呼ばれています。

同様のケースでは、福島県いわき市の常磐ハワイアンセンター（現在のスパリゾート ハワイアンズ）です。ここでは旧常磐松島炭鉱の坑道に湧き出していた毎分60ｔものお湯が利用されています。操業中は排水ポンプで汲み出し、捨てていたお湯です。これが閉山後は、貴重な地域おこしの資源に変わりました。

3-2 熊野古道と古代の湯の香
熊野、川湯から新宮
（和歌山・三重・奈良）

活動中の火山はありませんが、平均標高1,500mの紀伊山地を造り出したほど造山活動は活発でした。奈良県南部の大峰山脈から紀伊山地にかけては大量のマグマが侵入し、現在も数百度の火成岩が存在しています。これが熊野秘湯の熱源になっています。

収録画像全景　**RW-123**

郵便はがき

料金受取人払郵便

新潟中支店
承　　認

9394

差出有効期間
平成23年12月
31日まで
（切手不要）

9511-8790

新潟市中央区白山浦2丁目645-54

新潟日報事業社 出版部 行

アンケート記入のお願い

このはがきでいただいたご住所やお名前などは，小社情報をご案内する目的でのみ使用いたします。小社情報等が不要なお客様はご記入いただく必要はありません。

フリガナ お名前		□ 男 □ 女 （　　　歳）
ご住所	〒 TEL.（　　　　）　　　－	
Eメール アドレス		
ご職業	1. 会社員　2. 自営業　3. 公務員　4. 学生 5. その他（　　　　　　　　　）	

●ご購読ありがとうございました。今後の参考にさせていただきますので、下記の項目についてお知らせください。

ご購入の書名	

〈本書についてのご意見、ご感想や今後、出版を希望されるテーマや著者をお聞かせください〉

ご感想などを広告やホームページなどに匿名で掲載させていただいてもよろしいですか。（はい　いいえ）

〈本書を何で知りましたか〉番号を○で囲んで下さい。

1.新聞広告（　　　　　新聞）　2.書店の店頭
3.雑誌・広告　4.出版目録　5.新聞雑誌の書評（書名　　　　　）
6.セミナー・研修　7.インターネット　8.その他（　　　　　）

〈お買い上げの書店名〉　　　市区町村　　　　　書店

■ご注文について

小社書籍はお近くの書店、NIC新潟日報販売店でお求めください。店頭にない場合はご注文いただくか、お急ぎの場合は代金引換サービスでお送りいたします。

【新潟日報事業社出版部（販売）】電話 025-233-2100　FAX 025-230-1833

新潟日報事業社ホームページ　URL http://nnj-book.jp

十津川
瀞八丁
北山川
湯の口
熊野川
熊野
紀宝
白見山
新宮川
新宮
新宮
那智山
仙人滝
那智大滝
那智勝浦
那智

熊野・川湯

RW1-245

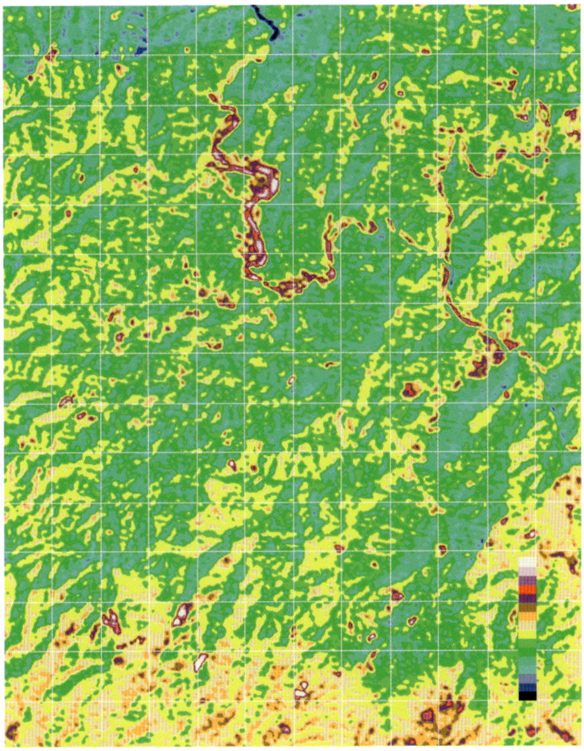

RW1R-006

RW1V-246

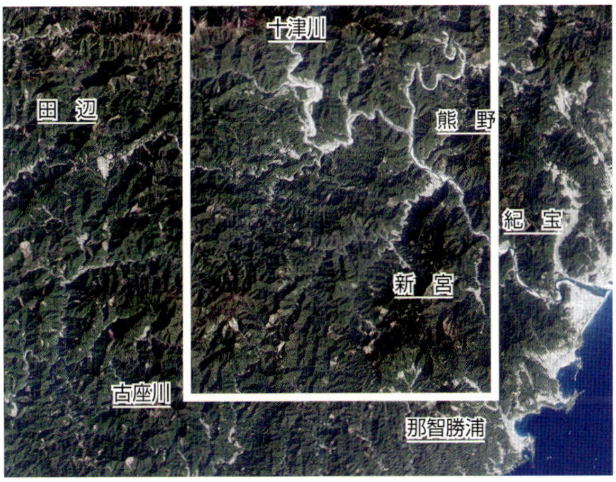

紀伊山地中央を流れる十津川、和歌山県に入ってから熊野川の川湯では、河原に温泉が湧き出し自然の温泉が楽しめます。河原を整備するため、利用料が必要です。熊野本宮に近い湯峯温泉は、日本最古の湯場です。古代、貴族や役人にとって熊野詣では温泉につかり、政治や経済情報を交換する場でもあったようです。

「おんせん」豆ちしき⑤

温泉付き別荘、マンションの怪

温泉は、日本人にとって特別な存在です。別荘、リゾートマンション、都市近郊の住居用マンションの宣伝広告には、温泉付きの言葉が誇らしげに記載されています。かつては「温泉権付き」別荘、マンションと、あたかも特別な法的権利が付与されているかのように誤解を与えていました。温泉権は、慣習法上の言葉で法的根拠はありません。大手新聞に掲載されていた温泉付き宅地（別荘）、リゾートマンションの広告を例に挙げます。

事例-1　温泉付き宅地

●温泉施設基本使用料（月額）：3,000円（但し、月$10m^3$まで）●泉質と温泉施設：ナトリウム塩化泉、加温、加水、循環ろ過装置なし

肝心な湯温は、明記されていません。加温、加水、循環ろ過装置は、各戸で設置。配湯用パイプ、量湯器設置費用は別途です。

事例-2　温泉付きマンション

この業者は、「天然温泉付き」を強調していました。

●温泉施設：マンションに加温、加水、循環ろ過装置あり●源泉：3.2km離れた第三者の温泉宿

泉質、湯温、一日の使用限度量には、全く触れられていません。源泉から3.2kmも離れていて、どのような方法でお湯を運んでくるのでしょうか？

3-3 海千景、山万景の湯の里
名峰、大山から蒜山、湯原
(鳥取・岡山)

5月下旬の大山《だいせん》から蒜山《ひるぜん》高原です。大山は伯《ほう》耆《き》富士とも呼ばれ、海上から眺める優美な山容には圧倒されます。ここでは大山から蒜山高原域と、岡山県の湯原から奥津渓までの2地域を取り上げました。

収録画像全景　**DS1-123**

収録画像全景　**DS2-123**

北栄
琴浦
加勢蛇川
大山
甲ヶ山
矢筈ヶ山
倉吉
三鈷峰
弥山
振袖山
小鴨川
関金
烏ヶ山
蒜山
擬宝珠山
真庭
蒜山高原

大山《だいせん》・蒜山《ひるぜん》

DS1-245

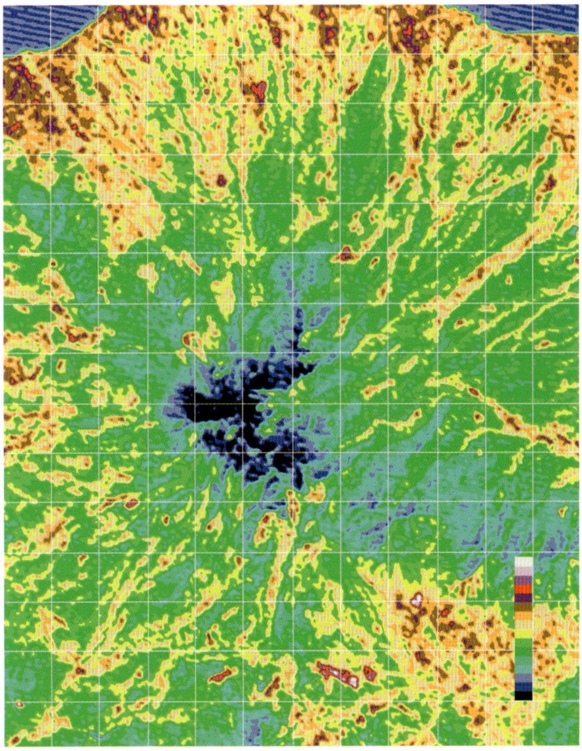

DS1R-006

DS1V-246

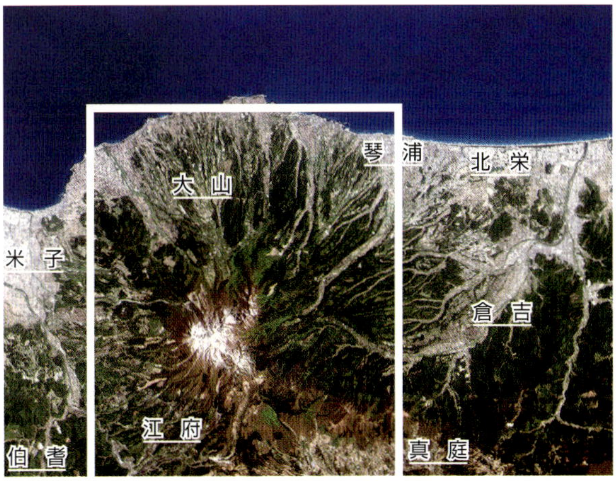

1,729mの大山を中心とする甲ヶ山《かぶとがせん》、烏ヶ山《からすがせん》、擬宝珠山から形成される大山火山列は、トロイデ式大円頂（粘り気の強い玄武岩や安山岩が主体となったマグマ）と広大な裾野を持つコニーデ式が組み合わさった火山です。登山道（参道）は、整備されています。自然の温泉探しは、侵食が進む西山麓が有望です。

「おんせん」豆ちしき⑥

地名から知る自然の温泉

衛星画像から自然の温泉に出合えそうな地域はわかっても、地名がわからなければ不安になります。地図には、小さな沢、谷、自然に湧き出している温泉などは記載されていません。しかし、地図から自然の温泉に出合えそうな地域を知る方法があります。地名です。地名は、そこに暮らす人々がその特徴から名付けた慣習名です。温泉では、幾つかの共通点があります。

①沢や川の色に由来　白川、手白沢、濁川（河、沢）、赤沢など

②水の味に由来　塩沢、酢川、苦土沢、酸ガ沢など

③お湯に由来　湯沢、湯川、熱川、温川、温根《おんね》沼《とう》など

④産状に由来　地獄、地獄谷、賽の河原、殺生河原など

アースウォッチの旅では、地図をほとんど使用しません。カーナビの目的地を設定する画面には、衛星画像に似たイラスト地図が採用されています。イラスト地図に衛星画像で見つけた候補地を入力すれば、カーナビが現地まで案内し、「目的地周辺に到着しました」と知らせてくれます。カーナビは、GPS衛星を利用しています。衛星画像とは、相性が良いのです。

蒜山高原から湯原、奥津

DS2-245

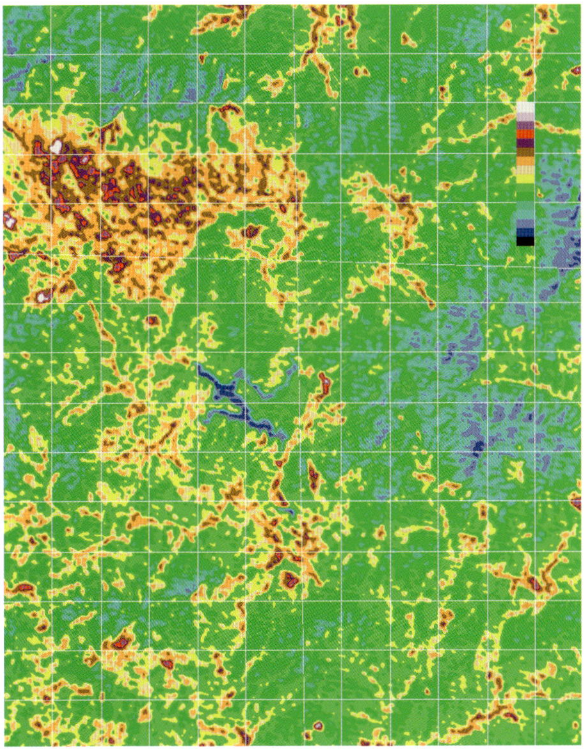

DS2R-006

DS2V-246

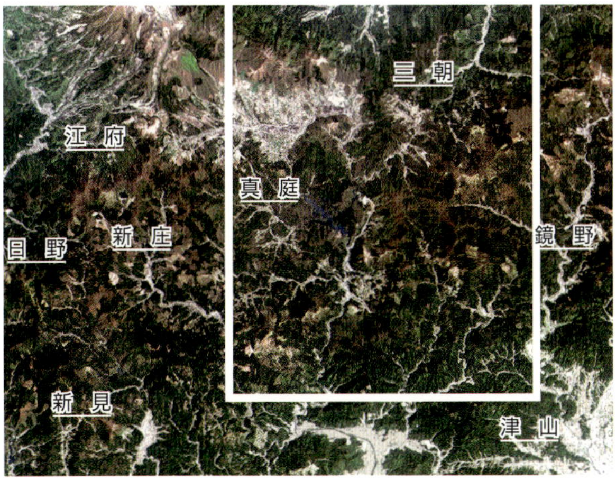

岡山県側の蒜山高原から湯原、奥津渓谷域です。この地域では、湯原の「砂場」を楽しんでください。砂場は、湯原ダム工事に伴う河床掘削で出現した温泉です。中国地方の温泉としては50～60℃と高温泉ですが、家族で楽しむには最高の温泉です。

「おんせん」豆ちしき⑦

泉質は誰が決める？　効能は？

温泉紹介のガイドブックやテレビ番組では、「この温泉の泉質は○○ですから、疲労回復、神経痛、リウマチ、関節痛、冷え性、胃腸病、婦人病……に効きます」と強調しています。成分分析表の泉質は、厚生省（現在の厚生労働省）の『鉱泉分析法指針』（1957年）が基準になっています。それによれば、お湯に含まれる物質、量、水素イオン濃度を基準に下記のように大分類されています。

①単純温泉　②単純炭酸泉　③重炭酸土類重曹泉
④重曹泉　⑤食塩泉　⑥硫酸塩泉
⑦鉄泉　⑧明礬《みょうばん》泉　⑨硫黄泉
⑩酸性泉　⑪放射能泉（ラジウム、ラドンなど）

○○温泉の泉質は××だからこんな病気に効く、と具体的に病名を挙げることは明白な薬事法違反です。泉質と効能は、無関係といってよいでしょう。日頃の喧騒から解放され、大自然の中で温泉につかれば、誰しも「極楽、極楽。まさしく天国」の気分になります。ストレスを解消し、心身ともリラックスさせてくれるのが温泉です。病は気からです。温泉につかって心がリセットされれば、おのずと健康になります。

3-4 日本の原風景の中で三瓶山から世界遺産の石見（島根・広島）

緩やかな中国山地では、うっかりすると分水嶺を通り過ぎて日本海に抜けてしまいます。この一帯では、銀の採掘やたたら製鉄の原料となる鉄が鉄穴（カンナ）方式で採取され、谷はその際に捨てられた砂礫や砂で埋まり浅くなっています。

収録画像全景　**MP-123**

出雲
三瓶ダム
神戸川
大田
男三瓶山
飯南
三瓶山
女三瓶山
子三瓶山
孫三瓶山
来島湖
邑智
浜原ダム
美郷
江の川

三瓶山《さんべさん》

MP1-245

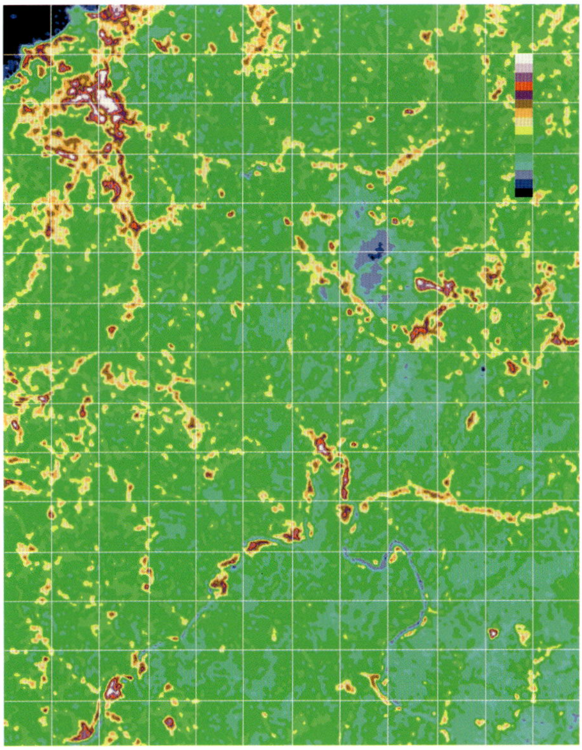

MP1R-006

MP1V-246

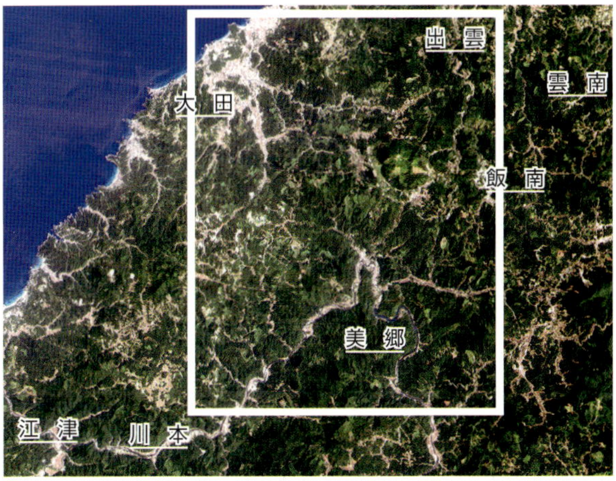

神話の里にふさわしく、三瓶火山群では標高の順に男三瓶山（1,126m）から女三瓶山、子三瓶山、孫三瓶山とユニークな名前が付けられています。火口では現在もガスが噴出しています。火口には近づかないようにしましょう。この地域には、世界遺産にも登録された石見《いわみ》を筆頭に、大森などの銀山跡があります。

「おんせん」豆ちしき⑧

人体に有害な温泉とは？

泉質は成分表に記載されていますが、人体への毒性までは触れられていません。強酸性泉や硫化水素泉のお湯が大量に河川に流れ込みますと、生物や植物が死滅したり、発育が阻害されたりします。このような泉質のお湯を「温泉毒水」と呼びます。

強酸性の群馬県草津温泉では、pH1.5の硫酸を大量に含むお湯を中和するため、一日100tもの石灰が温泉街を流れる湯川に投入されています。下流の品木ダム湖は沈殿した石灰で浅くなり、ダムとしての機能を失っています。同じようなケースでは、秋田県玉川温泉が挙げられます。下流には日本一の透明度を誇る田沢湖があります。この湖では魚や水草がまったく育たず、そのために高い透明度が維持されています。

有害毒素を含む温泉もあります。秋田県のトロコ温泉では、胃腸病に効くとしてお湯を飲料にしていた湯治客がヒ素中毒で命を落としています。健康のためと温泉を飲む方がいますが、健康を害する場合もあります。温泉は心の治療と考えたほうが賢明です。

◎ちょっと寄り道～03　衛星データの購入

日本では宇宙航空研究開発機構（JAXA、旧NASDA）が、各国の衛星データを受信しています。受信されたデータや画像は、リモート・センシング技術センター（RESTEC）から購入することができます。ここでは主な陸域観測衛星の料金を取り上げます。各衛星のデータ仕様、補正処理レベル、観測域、最新の提供料金などは、下記に問い合わせください。

〒106-0032　東京都港区六本木1-9-9
財団法人 リモート・センシング技術センター　 データ利用推進部
電話：03-5561-9777　FAX：03-5574-8515
http://www.restec.or.jp

主要衛星のデータ料金

衛星	分解能 (m)	観測巾 (km)	バンド数	料金(円)
ランドサット５号TM（アメリカ）	30	180	7	88,200
ランドサット７号ETM+（アメリカ）	30 (28)	180	8	88,200
スポット４号HRV（フランス）	20	60	4	294,000
スポット５号HRVIR（フランス）	10	60	4	521,850
ALOS（だいち）AVNIR-2	10	70	4	52,500

バンド数は、センサー数。センサーの数が多いほど、多くの情報を得ることができます。ランドサット７号ETM+データは米国地質調査所（EROS Data Center）から取り寄せるため、米国の事情や為替レートなどで変動します。ランドサット７号ETM+には、分解能15mのモノクロデータが付随。スポットの料金は、2009年６月現在です。データタイプ、分解能、補正処理レベルの違いで294,000円から1,662,570円と幅があります。日本の観測衛星ALOS（だいち）には、分解能４mのモノクロデータもあります。超高精度分解能（60cmから4m）の商業衛星のデータは、100km^2（10 × 10km）で150万円から280万円と高価です。なお、衛星データから本書のようなカラー画像を得るには、専用の解析用ソフトウエアが必要です。

ランドサットのプリント製品

リモート・センシング技術センターでは、センター側で解析したランドサット５号TMセンサーから作られたカラー画像のプリント製品を提供しています。ランドサット７号ETM+のプリント製品は、扱っていないそうです。詳しくは、リモート・センシング技術センターにお問い合わせてください

プリントサイズ（mm）	縮尺率	料金（円）
240	1:1,000,000	32,800
500	1:500,000	60,500
1000	1:250,000	85,600
1300	1:200,000	104,800

CD-ROM 収録画像解説

4. 九　州

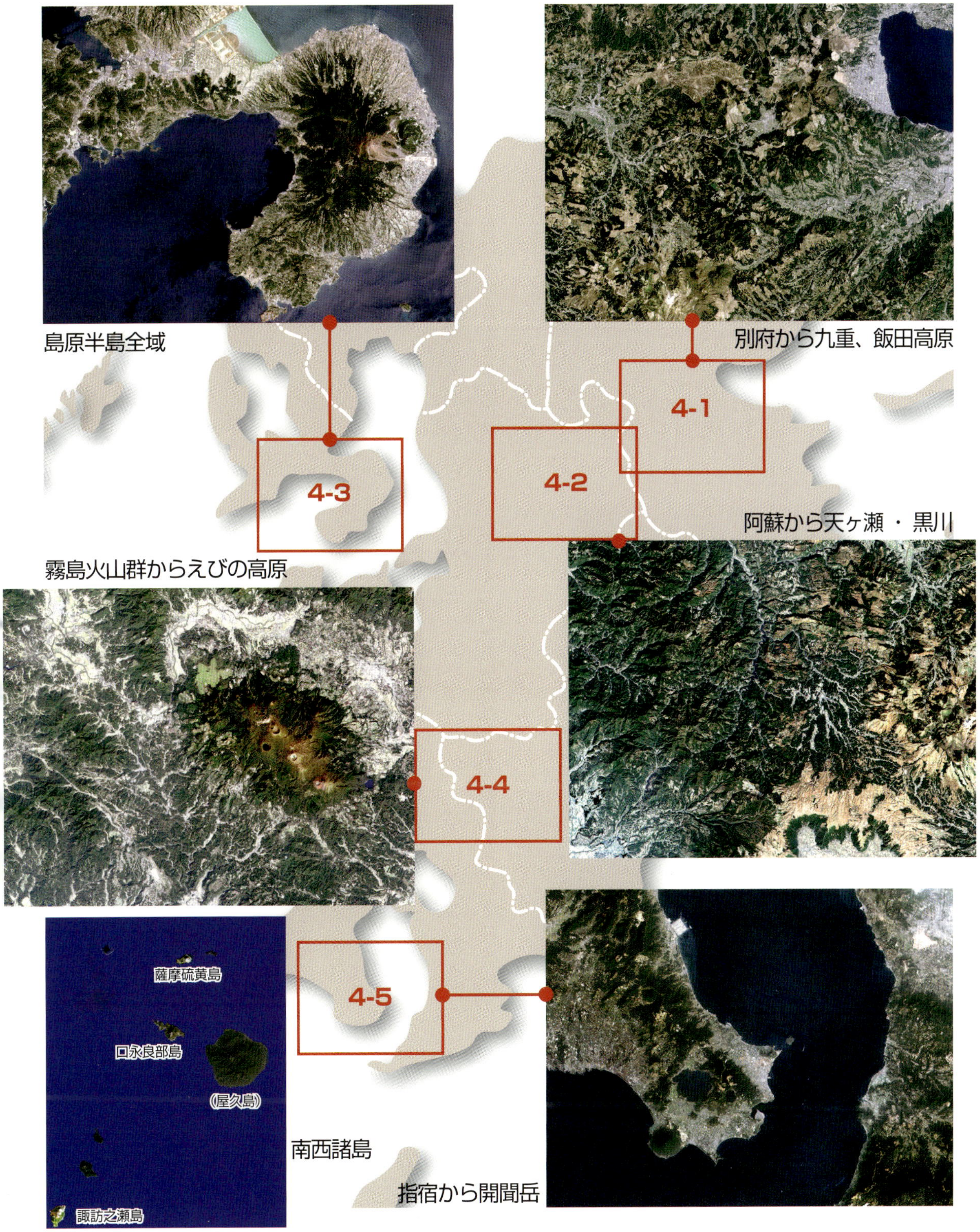

島原半島全域
別府から九重、飯田高原

南西諸島
指宿から開聞岳

4-1 湯量、泉質豊かな郷愁の湯 別府から九重、飯田高原（大分）

別府に湧く温泉の量は、日本最大の一日約15万キロリットル。ここでは別府湾から由布岳までの別府・湯布院と、飯田高原から九重（久住）連山までの二つの地域を取り上げます。どちらの地域でも、湯量豊富な自然の温泉を楽しむことができます。

収録画像全景　**BK-123**

宇　佐
十文字原
別府湾
大分自動車道
伽藍岳（硫黄山）
別府
別　府
福万山
鶴見岳
由布岳
湯布院
大分自動車道
由　布
大分川
大　分
芹川ダム
花牟礼山
竹　田

別府・湯布院

BK1-245

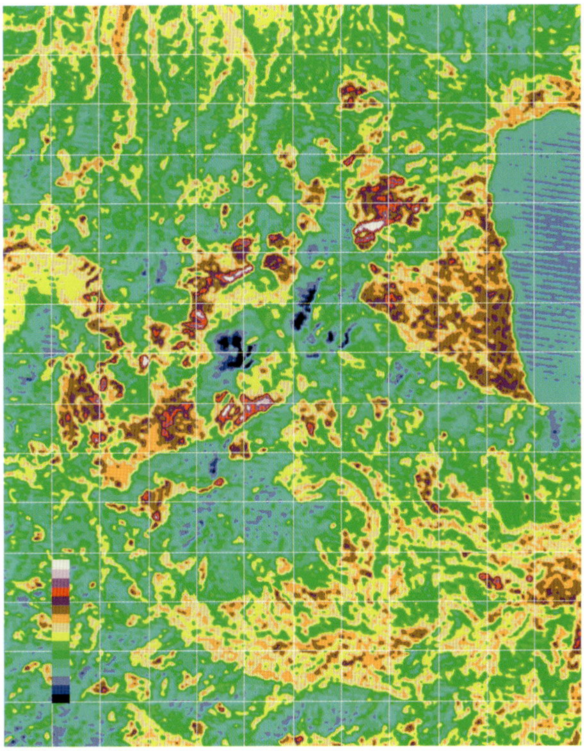

BK1R-006

BK1V-246

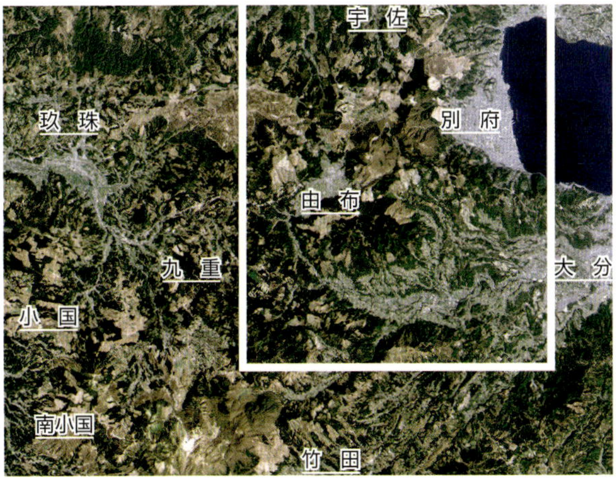

別府・湯布院地域では、鶴見岳から伽藍岳（硫黄山）とその東山麓の石垣原、由布岳（豊後富士）山麓を中心に秘湯、名湯との出合いが楽しめます。別府市内だけも2,000もの源泉があり、源泉観察には苦労しません。泉質も「鉱泉分析法指針」（環境省）で分類されている11種類のうち10種類と豊富です。泉質の違いを体験するには最適です。

「おんせん」豆ちしき⑨

五感で知る泉質

沢や山野に湧き出している自然のお湯の成分は不明です。多くの場合、においや色で判断します。しかし色が淡い黄白色で、卵の腐ったようなにおいがするからといって硫黄泉質とは断定できません。自然の温泉では、川底にたまっている粘土状の泥を体に塗ったり、そのお湯を飲むことは絶対に避けましょう。強酸性の場合はやけどを負うことがありますし、重金属を含んでいる場合は健康を損なう恐れがあります。

自然に湧き出ているお湯や温泉沢の泉質をチェックする方法としては、最初に手の甲を湯に浸します。ヒリヒリするようなら強酸性の湯です。肌の弱い方は、ペットボトルに真水を入れ、温泉沢で温めておきましょう。そして湯上がり時、ペットボトルの湯を体全体にかけたほうがよいでしょう。

お湯の色、感触、味で見分けることもできます。

淡い乳白色、サラサラ、酸っぱい	酸性泉、硫黄泉
茶褐色、サラサラ、無味	鉄分を多く含む鉄泉
無色、ヌメリがある、やや苦い	重曹泉
無色、サラサラ、塩味	食塩泉

その他、銅が含まれるお湯は深緑から淡いシアン（空色）などがあります。銅が含まれる場合は、多くが強酸性です。

九重（久住）・飯田高原

BK2-245

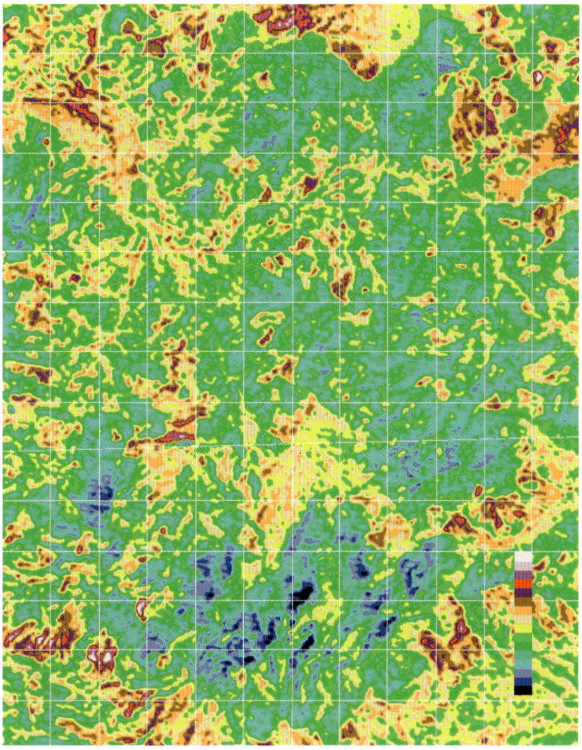

BK2R-006

BK2V-246

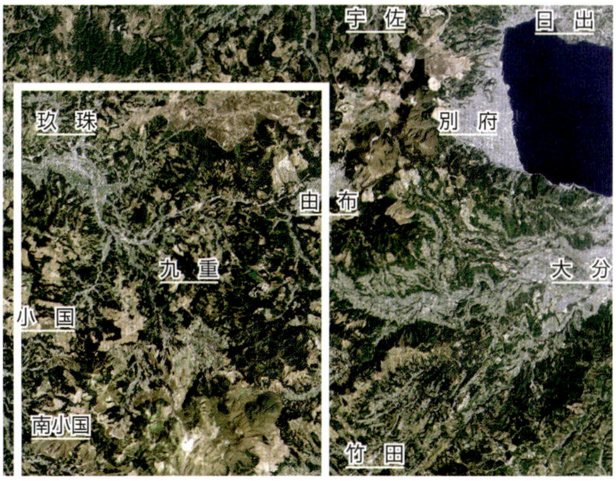

飯田高原から九重（久住）高原一帯では、随所で山のいで湯が楽しめます。やまなみハイウェイ（別府阿蘇道路）沿いには、寒地獄、筋湯、法華院など多くの温泉があります。地熱が大量に存在し、地熱発電所が稼働しています。登山道や遊歩道は未発達ですが、地元の方だけが使っている生活道は発達しています。

「おんせん」豆ちしき⑩

湯の華は名湯の証し？ 湯の華の正体は？

地表に出たお湯は圧力や温度が低下し、お湯に溶け込んでいた物質が固形化して沈殿します。湯の華は、お湯の澱《おり》です。湯の華の成分は、泉質によって異なります。固形物の主な成分は、方解石、石英、石膏、硫黄、明礬《みょうばん》、重晶石、黄鉄鉱、沸石などです。高温になるほど湯の華の量は多くなり、揚水施設や配湯パイプを詰まらせる原因となり、管理者泣かせの厄介物です。源泉地に行くと、乳白色、淡い黄白色、ピンクや赤褐色のヘドロのような流れを目にすることがあります。これらを乾燥させたものが、湯の華です。

多くの源泉地では、湯の華で目詰まりして打ち捨てられた塩ビのパイプを見かけます。自然の景観を大切にしている秘湯の宿では、現在も昔と同じように木製の樋《とい》や竹を使ってお湯を引き入れています。湯の華や配湯管理は、宿の品性を判断する基準の一つです。スーパー銭湯などの別府の湯、草津の湯、登別の湯などと称する風呂で使われている湯の華には、原油精製時の脱硫装置で造られた硫黄を主成分とした人工的な湯の華が多く見受けられます。

4-2 草原にたなびく噴煙を眺め、地球の鼓動を感じる 阿蘇から天ヶ瀬・黒川（熊本・大分）

阿蘇カルデラは、周囲が68kmと世界最大級です。活動中の中岳、阿蘇谷のグリーンベルト、そして黄褐色の火山土が見事なコントラストを編み出しています。阿蘇では外輪山北山麓から天ヶ瀬までと、カルデラの二つの地域を選びました。

収録画像全景　**AS1-123**

収録画像全景　**AS2-123**

天ヶ瀬
九重
九 重
梅林湖
杖立川
小 国
飯田高原
日平
涌蓋山
小国
寺尾野
黒岩山
田の原
黒川
南小国
竹 田
尾ノ岳
産 山
阿 蘇
阿 蘇

阿蘇谷・天ヶ瀬・黒川

AS1-245

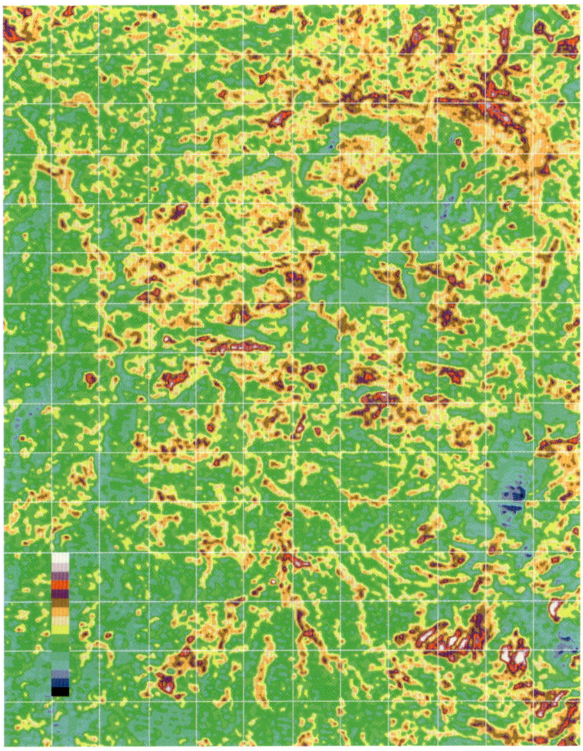

AS1R-006

AS1V-246

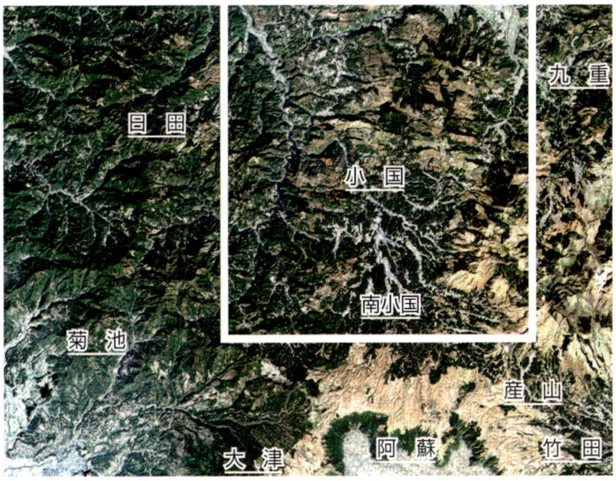

この地域は、九重連山、久住高原、飯田高原の西縁を流れる河川の源流域で自然の温泉に出合うことができます。各河川は短く、治山ダム工事時に造られた索道が残されています。自然景観の維持に配慮している黒川、川の露天風呂で知られる杖立や天ヶ瀬などの温泉があります。

「おんせん」豆ちしき⑪

水は源流、お湯は源泉

「水」は源流、「お湯」は源泉と呼ばれていますが、水もお湯も湧き出してくる地形や産状は同じです。勢いよく湧き出して泉をつくっている源流もあれば、一滴一滴したたり落ちて小さな流れから始まる源流もあります。渓谷では、谷川や沢の河床からポコポコと湧き出していたり、岩壁から噴き出していたり、岩の隙間からすだれのように流れ落ちている光景などにも出合います。源泉の光景もまったく同じです。源流もそうですが、お湯の出口である源泉も1か所だけとは限りません。一つ見つかると、その周辺に必ず数か所あります。

阿蘇カルデラ

AS2-245

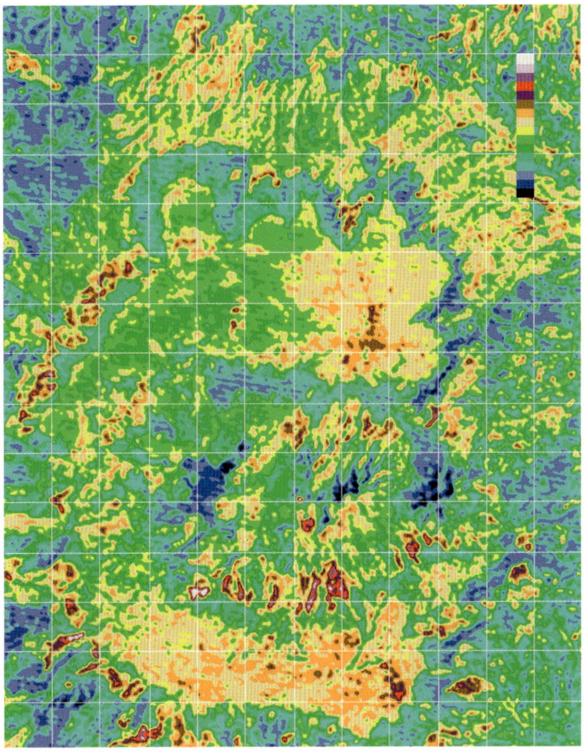

AS2R-006

AS2V-246

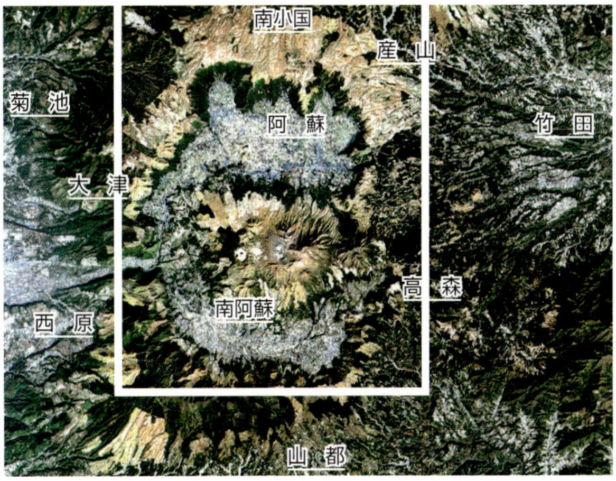

広大な草原で知られるカルデラでは、烏帽子岳を中心とした西域に湯ノ谷、垂玉、地獄などの素朴な温泉が点在しています。自然の温泉探しを楽しみたい方は、中岳から根子岳の南山麓に源流を持つ沢を歩いてください。竹田盆地を流れる河川上流も、候補地域に挙げられます。外輪山南は地表水が深くまで浸透し、自然の温泉は探せそうにありません。

「おんせん」豆ちしき⑫

秘湯、名湯は誰が決める？

百名山、渓谷百景、名水百選など、自然の造形物に序列をつける風潮があります。名水百選は環境省が自治体からの申請を基に選んでいるようですが、ミネラルなど水に含まれる成分の基準はありません。温泉ならば名湯百選になるのでしょうが、温泉は観光産業ですから経済産業省の所管です。所管省庁が温泉地に序列をつけることは、地域間差別を生み出すことになります。温泉法や自然環境を所管する環境省、外国人観光客を増やすために設置された国土交通省の観光庁とても同じです。

秘湯は辺《へん》鄙《ぴ》さが基準になるのでしょうが、名湯の基準にははっきりしたものがありません。マスコミや評論家がつくり出したかもしれません。テレビや雑誌で頻繁に取り上げられる温泉地や温泉宿ほど宿泊費が高くなっているように感じます。このことは利用者を選別する傾向があるともいえます。著名な温泉評論家がテレビで取り上げた老舗の温泉宿では、「源泉100%かけ流し」の露天風呂は湯量が足りずに膝までだったりすることも少なくありません。秘湯や名湯、名湯の宿などは利用者自身が決める事柄です。

4-3 火の山で知る自然への畏敬 島原半島全域 （長崎）

諫早湾干拓に伴う水門の構造や干し上がった湾内の様子がはっきりと読み取れます。島原半島の中央部が普賢《ふげん》岳です。普賢岳は1990年に活動が活発になり、翌1991年の大規模火砕流では取材にあたっていた報道関係者を含む40名余が犠牲になりました。島原市の旧深江町を流れる水無川から普賢岳を見上げると、火山の脅威を実感することができます。

収録画像全景　**FZ-123**

諫早湾
雲 仙
島 原
島原
吾妻岳
島原
九千部岳
普賢岳
水無川
雲仙地獄
小浜
深江
南島原
島原湾

雲仙・島原・小浜

FZ1-245

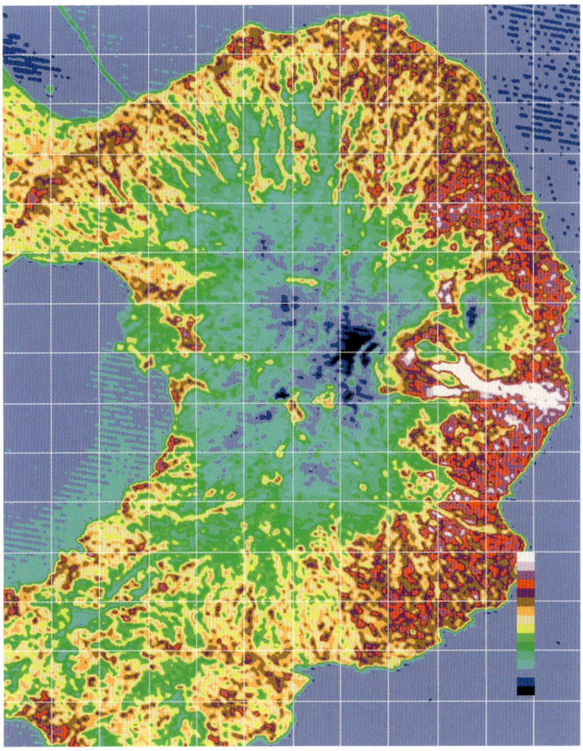

FZ1R-006

FZ1V-246

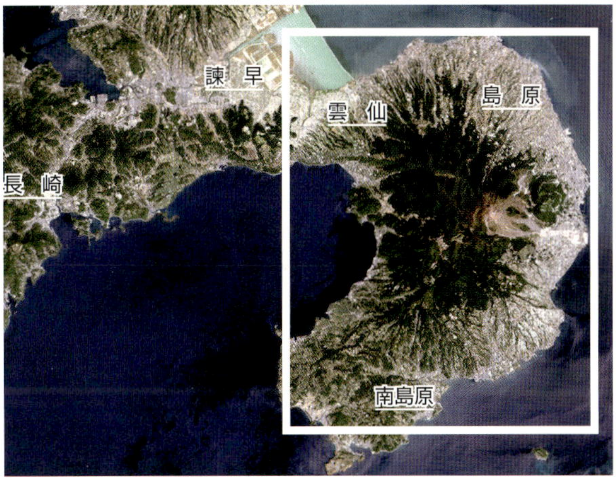

普賢岳山麓では、1991年の噴火に伴う火砕流や、その後の土石流の痕跡を読み取ることができます。雲仙の火山活動は、北西から南東に移動してきたことが画像からも読み取れます。そこで雲仙岳北の吾妻岳（870m）から九千部《くせんぶ》岳（1,062m）の西山麓を探ってみてはいかがでしょうか。島原市は伏流水の出口にあたり、随所に湧水池が点在しています。

「おんせん」豆ちしき⑬

すべてを語る源泉

ホテルや旅館に着いたら、源泉一帯の自然をチェックしましょう。源泉の汚れている温泉宿では、自然のぬくもりは満喫できません。源泉からは、湯温、湯量、湯の色、湯の香など温泉のすべてを知ることができます。また、宿の品位を知ることができます。

秘湯・名湯を心底楽しみたい方は、自分の五感で源泉地一帯を確かめることです。宿の伝統や格式、歴史的な背景、料理、風呂の体裁などはまったく関係ありません。温泉評論家やタレントの推奨コメントを信じるのではなく、自分の感性や知識を信じましょう。源泉地の自然保全に配慮している秘湯、名湯の宿は、自然の恵みを共有し、大切にしている証拠です。もちろん、利用客を値踏みするようなことはしません。

4-4 伝承の地で味わう悠久の温泉沢 霧島火山群からえびの高原（宮崎・鹿児島）

幾つもの丸い火口とカルデラ湖が、鹿児島と宮崎両県の県境線を挟むように帯状に並んでいます。霧島火山が北から南に向かって発達してきた経緯を知ることができます。火山群南端で丸い火口を開けているのは、天之逆鉾（あまのさかほこ）の剣が残されている高千穂峰の火口、御鉢です。御鉢は、時折白い噴煙を上げています。

収録画像全景　**KR-123**

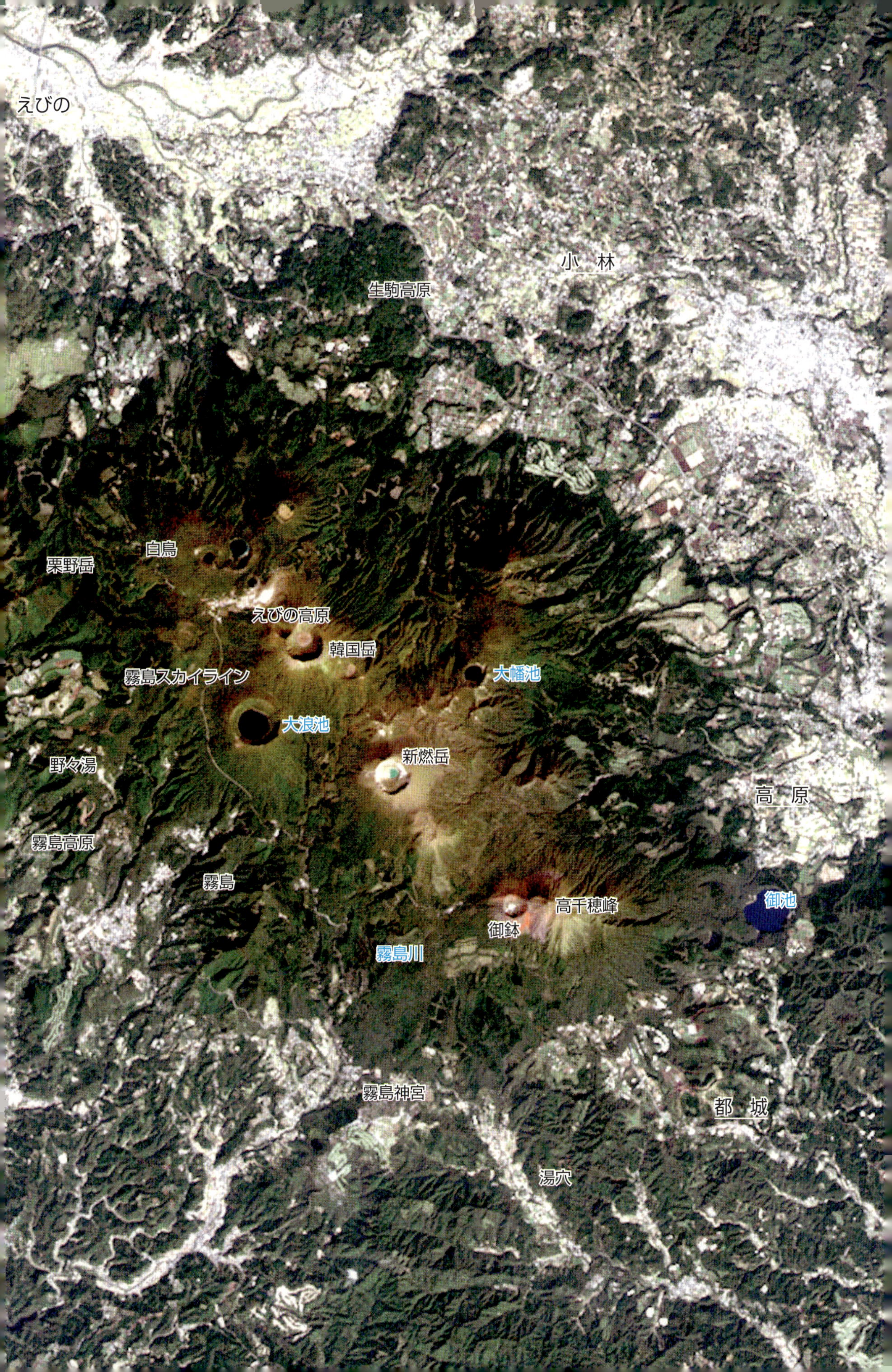
えびの
小林
生駒高原
白鳥
栗野岳
えびの高原
韓国岳
霧島スカイライン
大幡池
大浪池
新燃岳
野々湯
高原
霧島高原
霧島
高千穂峰
御池
御鉢
霧島川
霧島神宮
都城
湯穴

川内川
飯盛山
白鳥
栗野高原
栗野岳
栗野
えびの高原
韓国岳
大幡池
野々湯
大浪池
新燃岳
関平
霧島スカイライン
硫黄谷
新湯
高千穂峰
湯之野
御鉢
霧島神宮
霧島川
湯穴
新川渓谷
鹿児島空港

KR1-245

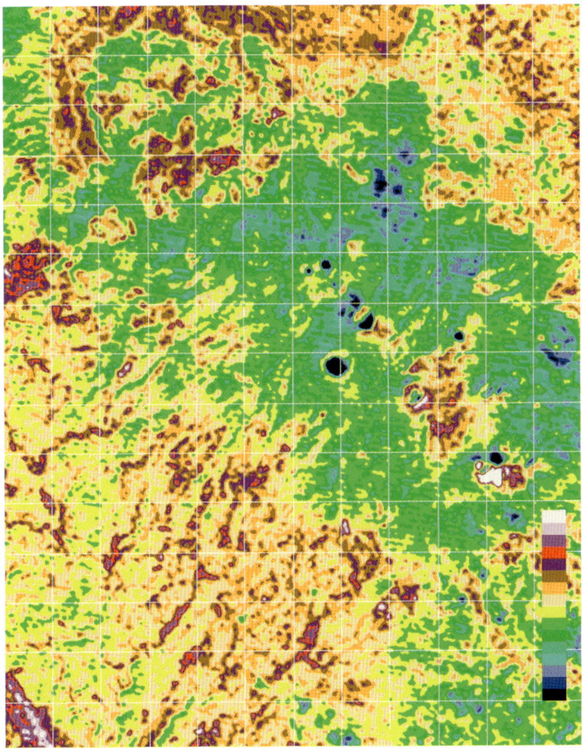

KR1R-006

KR1V-246

新燃《しんもえ》岳は昭和30年代に噴火し、火口は現在も熱泉になっているようです。候補地域は巻頭の画像読み取り手順で抽出したとおりですが、栗野岳、えびの高原、霧島川の源流域などが有力です。霧島火山群は活動中です。自然の温泉探しには、絶好の地域です。新湯、硫黄谷、えびの高原の市営温泉は、湯量も豊富でお薦めです。

「おんせん」豆ちしき⑭

名湯の宿を見分ける

テレビの温泉番組では、宿自慢の「源泉100%かけ流しの露天風呂」と夕食メニューは必ず紹介されます。しかし、源泉地が紹介されることは滅多にありません。

宿に到着したら、まずは成分分析表をチェックしましょう。「温泉」の名称を使っている限り、成分分析表の掲示は義務づけられています。熱海、石和、箱根、有馬、下呂、伊香保、道後、雲仙など名だたる温泉地では、源泉を共同で管理しています。そのような場合は、成分分析表から「源泉地」「湧出量」「湯温」を確認します。同一源泉ならば、湧出量や湯温から源泉100%かけ流しか、加水、加温、循環風呂なのかを判断することができます。

塩素臭のする露天風呂は論外ですが、一般的に露天風呂の湯温は内風呂よりも高くなっています。なぜならば、露天風呂で冷え、適温になった湯をパイプや溝を使って内風呂へと導き入れるからです。内風呂の湯温が露天風呂より高い場合は、加温されていると考えても不思議ではないでしょう。あるとき、「4種類の温泉が楽しめます」と、ある大手の温泉ホテルが宣伝していました。実際に確認したところ、成分分析表では源泉は一つでした。一つの源泉から4種類の温泉が器用に湧き出しているとは考えにくいことです。

4-5 南国の海浜温泉と天然サウナ 指宿から開聞岳（鹿児島）

薩摩半島の最南端、指宿から開聞岳までを紹介します。コンパスで描いたような円錐形の山が開聞岳です。二つの湖は、西から池田湖、鰻池。池田湖はカルデラ湖ですが、鰻池は爆裂湖と思われます。池田湖は九州最大の湖です。

収録画像全景　**SM-123**

喜入
鹿児島
鹿児島湾
薩摩今和泉
知林ヶ島
指　宿
指宿
池田湖
鰻池
山川港
金比羅鼻
辻の岳
竹山
浜児ヶ水
開聞岳
赤水鼻
長崎鼻

開聞岳・指宿

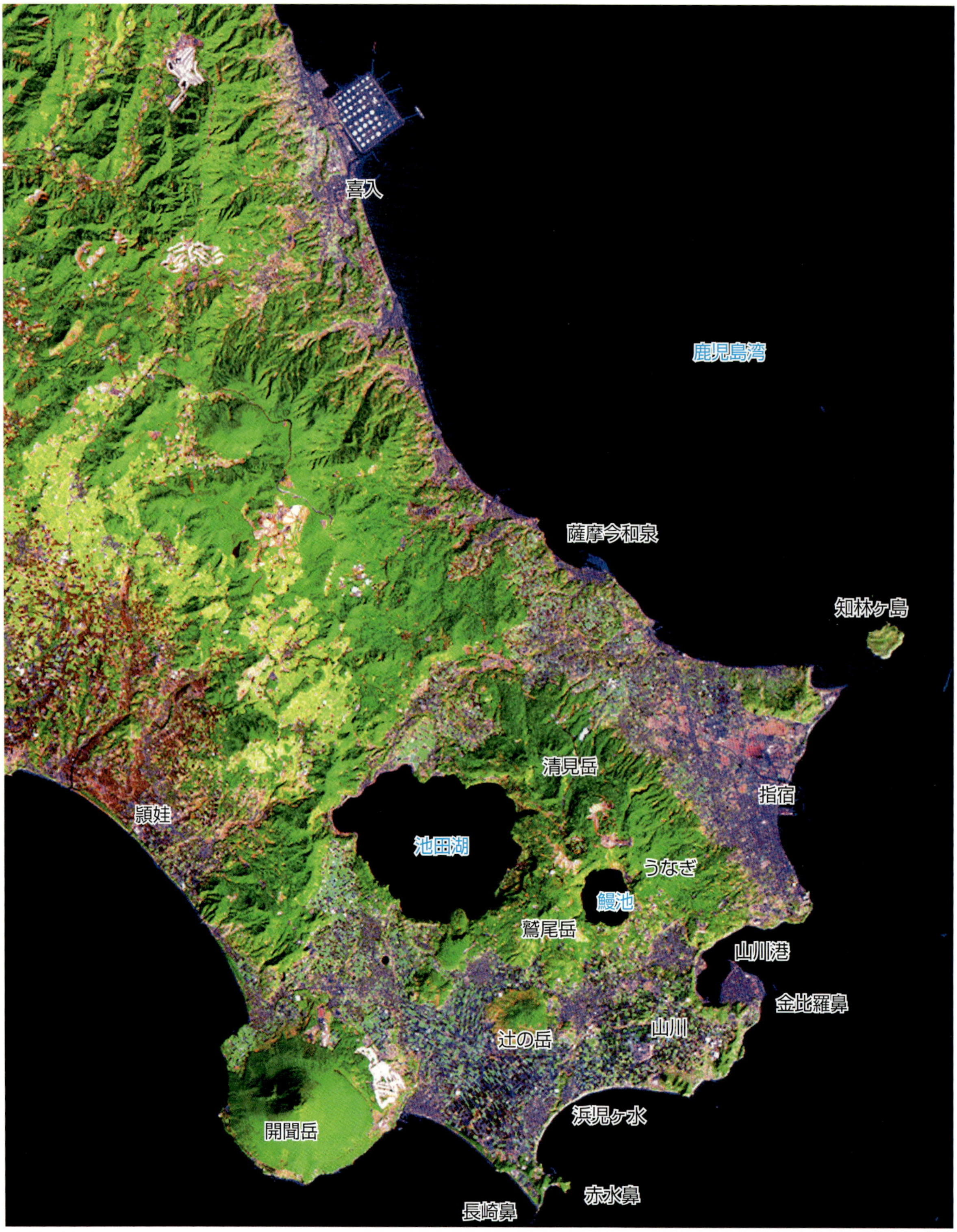

SM1-245

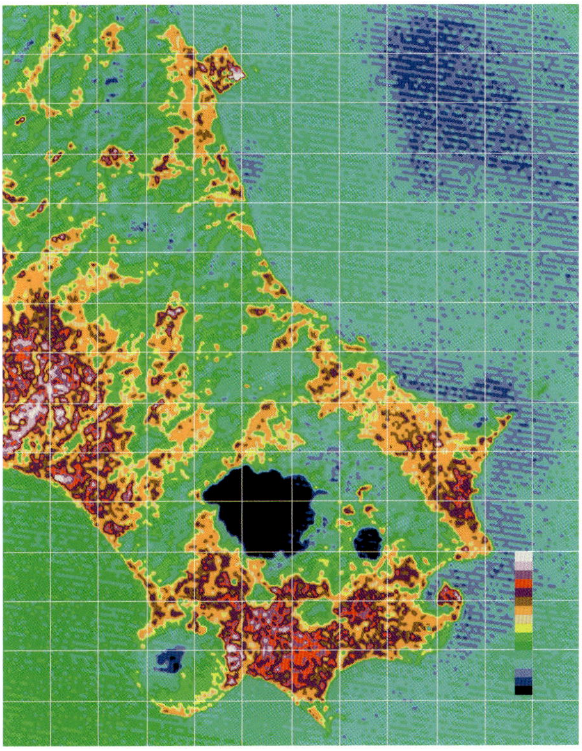

SM1R-006

SM1V-246

リゾート開発は指宿を中心に行われていますから、指宿を離れれば自然の温泉を楽しむことができます。中でも、鰻池周辺の温泉は郷愁を感じることでしょう。山川から開聞岳にかけては地熱が多く、岩の間から蒸気が噴き出し天然サウナを楽しむこともできます。浜児ヶ水《はまちょがみず》一帯の海では、干潮時に海中温泉が楽しめます。

「おんせん」豆ちしき⑮

マナーとエチケット

日本人にとって温泉は、単なるお湯ではありません。大自然の中、温泉につかって不機嫌になる人はいないでしょう。温泉は、心の癒やしの場です。自分自身の目で源泉を確かめてつかる自然の温泉は、ことさらです。それだけにマナーとエチケットが必要になります。

●源泉には立ち入らない

源泉で事故があると、地元自治体は立ち入りを禁止します。

●源泉とその周辺域は清潔に

温泉卵、蒸かし芋を作るのは結構ですが、ゴミは持ち帰りましょう。温泉卵は、単なるゆで卵です。卵や芋は持ち込まず、自然の温泉だけを楽しむのが賢明です。

●景観と自然保護

浴槽を作るために、河原を掘ったり、石などを集めて流れをせき止めたりした場合は、必ず元の状態に戻しましょう。

最近、海外からの旅行者に出会うことがあります。海外では、素っ裸で自然の温泉につかる習慣がありません。そのような場合は、水着を着用しましょう。自然の温泉は、誰もが楽しむことのできる貴重な自然の恵みです。それだけにマナーやエチケットは、守りましょう。

潮風に吹かれて海浜温泉
火山島の温泉と自然（鹿児島）

孤島を画像化することは、陸域を中心に観測するランドサットにとって困難な作業です。しかし火山島に湧き出す海浜温泉は、格別です。3島ともにレベル-3の火山であることから、溶岩流や熱分布など活動中の火山の特徴が読み取れるカラー画像を使っています。

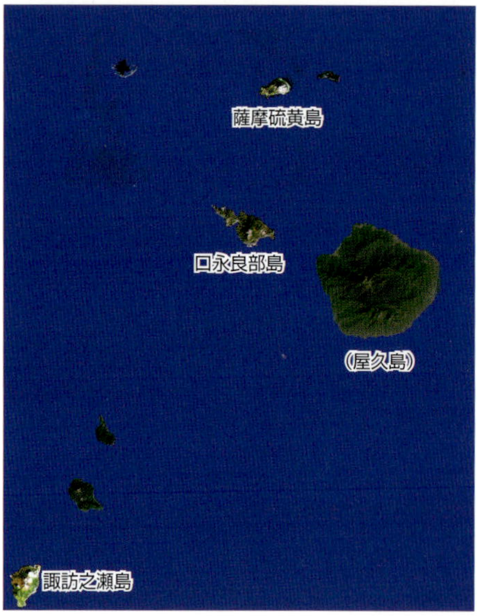

5-1　薩摩硫黄島

Rs-123

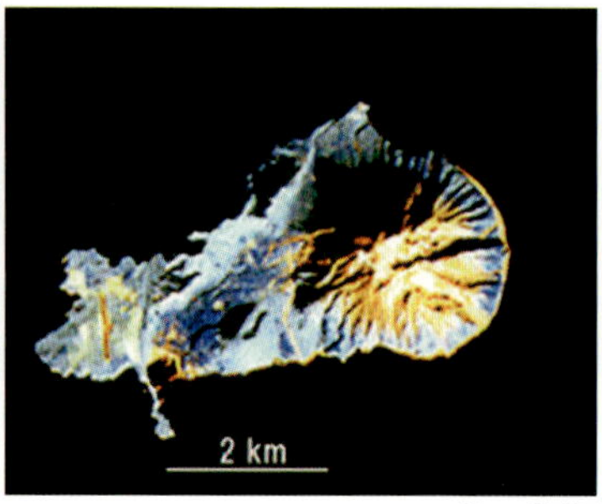

Rs-457

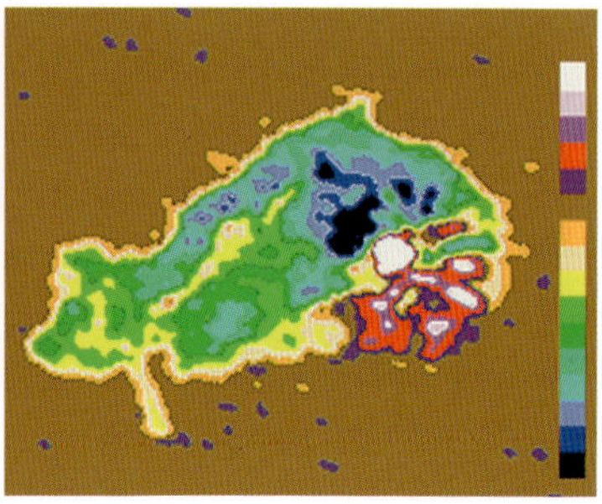

Rs-r006

5-2　口永良部島

Eb-123

Eb-457

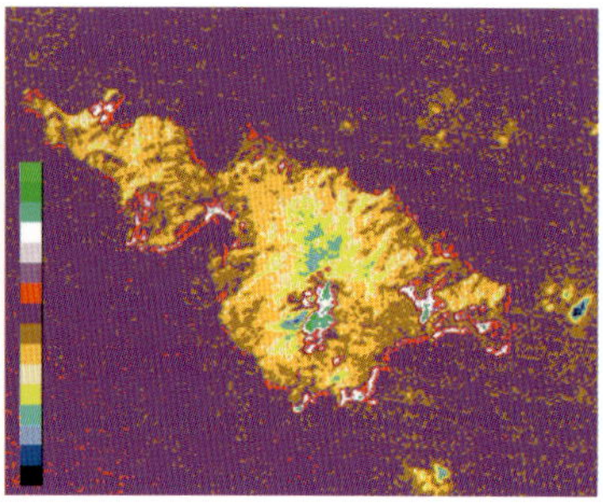

Eb-r006

5-3　諏訪之瀬島

Sw-123

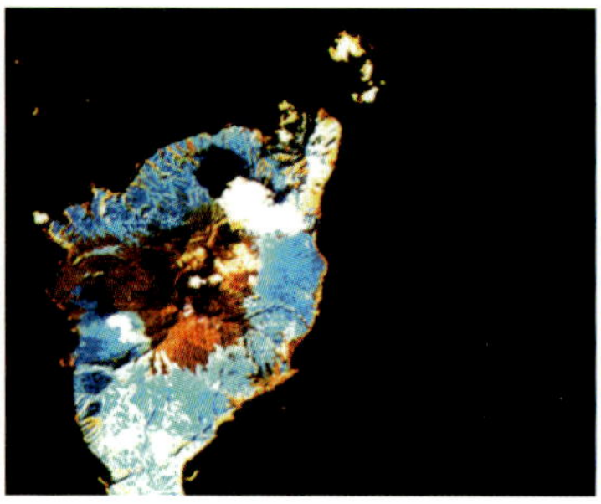

Sw-457

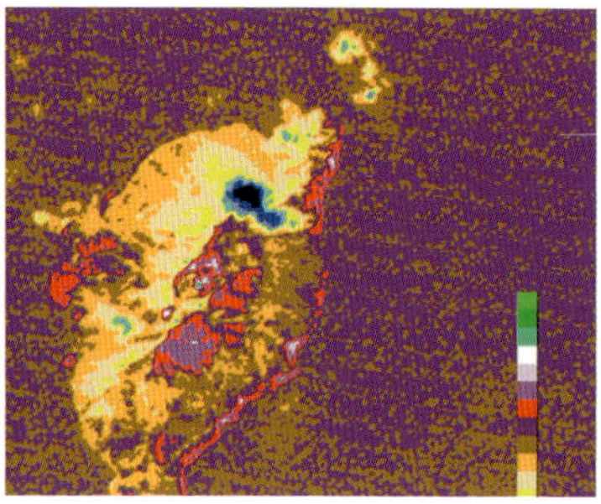

Sw-r006

データインデックス

本書では、ランドサットが観測した以下の シーン（Path-Row）データから解析した画像を使用しています。Path-Row は、5 号、7 号ともに共通です。雲量などの関係から同一シーンであっても、観測日時は異なります。シーン 112-39（薩摩硫黄島、口永良部島、諏訪之瀬島）は、著者自身が活動中の火山を観察するために解析したものです。

シーン（Path-Row）	地方と地域
107-36	伊豆半島
108-35	八ヶ岳・蓼科、美ヶ原
108-35	妙高・焼山
109-34	黒部・立山
109-35	大町・高瀬湖
109-35	上高地・奥飛騨・乗鞍岳
109-35	御嶽山・下呂
109-35	白山・三ノ峰
109-37	熊野・川湯
111-35	大山・蒜山
111-36	蒜山高原から湯原・奥津
112-36	三瓶山
112-37	別府・湯布院・九重（久住）・飯田高原
112-37	阿蘇カルデラ・阿蘇谷・天ヶ瀬・黒川
113-37	雲仙・島原・小浜
112-38	霧島・栗野・えびの高原
112-38	開聞岳・指宿
112-39	薩摩硫黄島・口永良部島・諏訪之瀬島

付属 CD-ROM の取り扱い

衛星データと画像著作

衛星とセンサ：ランドサット 5 号 TM、ランドサット 7 号 ETM+
データ所有：アメリカ合衆国政府
データ提供：Space Imaging / JAXA（宇宙航空研究開発機構）
解析 / 画像著作：福田重雄

著　者
福田重雄（ふくだ　しげお／ Ken S. Fukuda）
栃木県生まれ、埼玉県在住。科学ジャーナリスト ・ 作家
カリフォルニア州立大学ロサンゼルス校財務学科卒。
アースウォッチの会を主宰。外資系保険会社、セイコーエプソン、フランス大使館、京セラなどに勤務。米国の衛星データ管理機関の認可を得て日本全域を網羅した衛星データのライブラリーを整備。衛星画像の普及活動に従事する一方、自然の恵みを活かした地域観光や農産物振興なども行う。日本を知り、日本の自然の恵みを楽しむMeet Japanを提唱。
　著書に、アースウォッチの旅ガイド『衛星画像で知る温泉と自然の湯―東日本編』（草思社）、『アースウォッチの旅入門～衛星画像の歩き方』（誠文堂新光社）、『パソコンで楽しむアースウォッチ～ランドサットのデータ解析』（ＮＨＫ出版）、『アースウォッチの旅―南関東編』（中経出版）。小説『霧に浮かぶマザーボード』（光芒社）、カリフォルニア在住の日本人を題材にした体験記『カリフォルニアに生きる日本人たち』（双葉社）などがある。

アースウォッチの会
〒346-0003　埼玉県久喜市中央1-9、2-703

＜取材協力＞
大塚　誠（Makoto Otsuka）
福岡県生まれ、嘉麻市在住。造園施工管理技士。久留米園芸試験場研修科修了。
九州の秘湯、名湯、自然の温泉など隠れた自然スポットを紹介する九州を代表するアースウォッチャーとしてテレビや雑誌で活躍。

衛星画像で旅する
日本の原風景と温泉［中部・西日本編］
アースウォッチの旅ガイド

2010 年 10 月 28 日　第 1 刷発行

著　者　福田重雄
発行者　五十嵐敏雄
発行所　新潟日報事業社
〒951-8131　新潟市中央区白山浦 2-645-54
TEL　025-233-2100（直）
FAX　025-230-1833
http://www.nnj-net.co.jp/

印　刷　新高速印刷 株式会社

ISBN978-4-86132-416-1 Printed in Japan